U0339253

品位生活

家庭养花与阳台种菜

玲珑 ＼ 主编

ℂ 吉林科学技术出版社

图书在版编目（CIP）数据

家庭养花与阳台种菜 / 玲珑主编 . -- 长春 : 吉林
科学技术出版社，2022.9（2024.9 重印）
（品味生活）
ISBN 978-7-5578-9025-4

Ⅰ.①家… Ⅱ.①玲… Ⅲ.①花卉－观赏园艺 ②蔬菜
园艺 Ⅳ.① S68 ② S63

中国版本图书馆 CIP 数据核字（2021）第 237571 号

品味生活·家庭养花与阳台种菜

PINWEI SHENGHUO·JIATING YANGHUA YU YANGTAI ZHONGCAI

主　　编　玲　珑
出 版 人　宛　霞
责任编辑　李红梅
助理编辑　张延明
封面设计　冬　凡
幅面尺寸　145mm×210mm
开　　本　32
印　　张　5
字　　数　93 千字
页　　数　160
印　　数　20 001–30 000 册
版　　次　2022 年 9 月第 1 版
印　　次　2024 年 9 月第 2 次印刷

出　　版　吉林科学技术出版社
发　　行　吉林科学技术出版社
地　　址　长春市福祉大路 5788 号龙腾国际大厦 A 座
邮　　编　130118
发行部传真 / 电话　0431-81629529　81629530　81629231
　　　　　　　　　　81629532　81629533　81629534
储运部电话　0431-86059116
编辑部电话　0431-81629380
印　　刷　三河市万龙印装有限公司

书　　号　ISBN 978-7-5578-9025-4
定　　价　38.00 元

前言

　　现代生活紧张而又忙碌，工作之余人们需要一个释放压力、平静心灵的空间，对自然的向往便成了现代人一个共同的追求。其实想亲近自然在家里也能做到——居室和阳台经过我们的精心打理，就可以变成一个充满欢乐与健康的花园甚至菜园！

　　花草或艳丽妩媚，或娇小清丽，或素雅高洁，都能带给人美的享受。用它们装点我们的居室或阳台，可以为生活注入生机与活力，使人心情愉悦、轻松舒适。在了解了花草植物的生活习性和诸多好处后，对大多数忙碌的现代人来说，更希望能有一个简单直观的栽培教程，以便在业余时间实际操作一把，体验一下在自己的精心培育下，花草果蔬从种子到幼苗，再由幼苗变成一棵苗壮的植株，最后开花、结果的一切过程，从而见证生命的奇妙。在这个过程中，可以尽情领略嫩芽冒出时的惊喜、抽枝展叶时的愉悦、采摘收获时的满足，让生活更加美好充实。

本书采用分步图解方式详细讲解每种植物的分步操作，从适合种植的季节、光照条件、浇水量，到种苗选育、种植、培育、收获四个阶段的详细过程，都会事无巨细地予以全程指导。书中直观明了、简单易学，既能作为普通园艺爱好者的入门指南，又是资深园艺达人的必备工具书。

家庭养花种菜，收获更多的是一种恬淡的心境，一种乐观积极的生活态度，一种生活品质的提升。感受拥抱大自然的快乐，在快节奏的生活中呼吸独有的清新，这样的生活就在眼前，你还在等什么！

目录
Contents

第一章 DI-YI ZHANG

打造一个美丽的阳台，给 DIY 植物安个家

第二章 DI-ER ZHANG

养花，打造家中好风景

第三章 DI-SAN ZHANG
种菜，花盆里长出的健康饮食

第四章 DI-SI ZHANG

种香草，让室内多一缕幽香

打造一个美丽的阳台，
给 DIY 植物安个家

第一章
DI-YI ZHANG

容器：植物的幸福小屋

我们在打造自己的植物园之前，首先要规划好要种些什么植物，因为对于不同的植物而言，对容器的要求也是不尽相同的。

不同植物，不同选择

一般来说，蔬菜的植株较大，因此对容器的大小也有一定的要求，一般都会选择大型或者是中型的容器，而花卉、香草的植株一般偏小，所以对容器的要求并不是很高，可以根据栽植的数量来掌握容器的大小。如果栽植的数量少而植株又不是很大，最好选择小一些的容器，这样更有利于植株根部的透气。

我们在选购花盆的时候，常常听到店主说 8 号花盆、12 号花盆

质地

陶盆

容器在质地上的种类非常多样，如陶盆、塑料盆、釉面盆、木盆、玻璃盆。陶盆无疑是最好的选择，它具有透气好、排水性好、重量轻、价格便宜等优点。玻璃容器是用来培植水培植物的最佳选择。当然，你也可以选择塑料盆、釉面盆，但是为了防止花盆不透气而导致的根部腐烂，我们最好在容器下面垫一块竹板。如果选择木盆的话，因为其超强的透气性，花草很容易干燥，所以一定要注意勤给植物浇水才可以。

之类的，那么花盆的号是怎么规定的呢？有一个公式可以计算一下：

花盆的号数 ×3＝直径的厘米数

也就是说，3 号盆的直径是 9 厘米，6 号盆的直径是 18 厘米，8 号盆的直径为 24 厘米，10 号盆的直径是 30 厘米，12 号盆的直径为 36 厘米。通过花盆的号，我们就能马上掌握花盆的大小，从而以最快的速度选到最合适的花盆。

在阳台上种植蔬菜，并不像在菜地里种植那么随意，像土豆、小萝卜之类食根茎的蔬菜对容器的深度也有一定的要求，一般深

小型

小型的容器一般指的是直径为 15~20 厘米的容器，比较适合种植猫薄荷、百里香、细香葱、驱蚊草等植株体积很小的香草。

直径为 15~20 厘米的容器

中型

中型容器一般指的是直径为 20~30 厘米的容器，长方形的中型容器长一般是 65 厘米左右。这种容器适合种植体型一般的花卉、香草，也可以种植菠菜、油菜等叶类蔬菜。

直径为 20~30 厘米的容器

大型

大型容器一般指的是直径为 30~40 厘米的容器，西红柿、茄子等果实类蔬菜的体积较大，比较适合在这种容器中种植。

直径为 30~40 厘米的容器

度要达到 30 厘米以上才可以种植，否则会影响植株的生长。如果实在找不到合适的容器，用塑料袋或者是麻袋来当作容器也是可以的。

土壤：植物的亲密爱人

🌿 什么样的土才算是好土呢？

植物能否健康成长，关键在于土壤的选择，好的土壤可以使植株更好地吸收养分、水分，使植株的根系健壮，这样才可以长得生机勃勃。优质的土壤必须具备四大特性，即排水性、透气性、保水性以及保肥性。

● 排水性 排水性好的土壤在浇水的时候，水能够迅速地融入土中，不会停留在表面。排水性差的土壤会使植物根部长时间难以干燥，很容易出现烂根的现象。

● 透气性 透气性好的土壤微粒之间不会黏聚在一起，空气可以自如流通，为植株根系有效输送氧气和水分。

● 保水性 保水性是指土壤在一定时间内可以保持湿润的能力，如果土壤不具备保水性的话，土壤很快就会干燥缺水，这对植株的生长是非常不利的。

● 保肥性 保肥性指的是土壤可以保持肥料肥性的能力，只有保肥性好的土壤才能够让植物在营养充足的环境里好好生长。

🌿 认识土壤

土壤的种类千差万别，作为栽种用土，常见的主要有 3 种：培养土、基础用土和改良用土。

培养土

● 培养土 培养土主要是用于球根、宿根等植物种类的栽种，因为是根据养分比例调和好的土壤，所以非常适合初学者使用。

● 基础用土 指的是自己调和土壤的时候所使用的基础土，各个基础土之间的差别主要是由当地的土壤性质所决定的。

● 改良用土 是一种非常优质的土壤，它运用其他的有机质提高了基本用土的透气性、排水性、保水性、保肥性。其中最为人们熟知的就是腐叶土，腐叶土首先是将腐烂的阔叶树树叶弄碎，融合在基础用土之中，这样可以提高土壤中微生物的含量，有效地改善土质。

腐叶土

● 配土

配土是一门很深的学问，作为刚刚入门的新手最好在市面上购买已经配置好的优质土，这些土壤已经配置好了腐叶土、肥料等养料，可以直接使用，非常方便。但是要注意土壤包装上的适用作物说明，不同的植物对酸碱性的要求也是不同的。

认识酸碱性

种植蔬菜的土壤一般为弱酸的环境，而香草则喜好偏碱性或中性的土壤。而花卉对土壤的要求则比较复杂。

部分植物对盆栽土的特殊要求

少数植物对盆栽土有特殊要求，常用的盆栽土并不适用。有些植物不喜欢碱性土，如杜鹃属植物、多数秋海棠属植物、欧石南属植物、非洲紫罗兰，常用的盆栽土不利于这些植物的生长。即使以泥炭藓为基质的盆栽土，也普遍呈碱性，因为为了适应多数室内盆栽植物的需求，盆栽土中会添加少量石灰。不喜欢碱性土壤的植物，可以使用"欧石南属"植物专用盆栽土，这种盆栽土在多数花店都能买到。

凤梨科植物、仙人掌科植物和兰科植物对盆栽土也有特殊要求，可以从专业苗圃或较好的花店购买经过特殊处理的盆栽土。

肥料：植物的营养源

不施肥，植物就会显得死气沉沉的，只要正确施肥，植物就能茂盛生长，生机盎然。现代肥料让施肥变得很简单，肥效也更长，因而不需要经常添加。

🌿 认识肥料

按照肥料的成分来划分，可以分为磷肥、氮肥、钾肥这三种肥料。磷肥主要是用来促进植物花朵和果实的生长，氮肥主要是用来促进植物叶子的生长，钾肥可以有效地滋养植物的根部。

🌿 肥料的量

肥料是植物生长的粮食，挨饿中的植物自然是很难长好的，但是暴饮暴食对于植物的生长也并不是全然有益，所以和人类讲究合理膳食一样，给植物施肥也要根据植物各自的特点，讲究适度原则。

追肥

植物在刚刚栽种到土壤中的时候，土壤中是含有一定量的肥力的，但是这些肥力会随着植物的生长而慢慢消耗殆尽，因此盆栽植物在生长过程之中要进行适当追肥。

制作肥料

事实上，一般性的肥料我们并不需要特意在市场上购买，用生活中腐败的食物制成的有机肥就是植物最好的营养品。发霉的花生、豆类、瓜子、杂粮等食物中含有大量的氮元素，将它们发酵后可以用作植物的底肥，也可以将其泡在水中制成溶液追肥时使用。

鱼骨、鸡毛、蛋壳、指甲、头发中含有大量的磷元素，我们可以加水发酵，在追肥中使用。

海藻、海带中的钾成分比较多，是制作钾肥最好的原材料。另外，淘米水、生豆芽的水、草木灰水、

氮肥滋养茎叶

磷肥滋养果实花朵

钾肥滋养根部

各种肥料对植物的不同作用

鱼骨

海带

鱼缸中的陈水等含氮、磷、钾都很丰富，可以在追肥中使用。

环境：我家的阳台合适吗

在林林总总的阳台中，朝南或者朝东的阳台，一般光线比较充足，对于植物的生长也是比较理想的。但是家里的阳台不是这样的朝向怎么办呢？不用担心，一些植物即便在阳光不是很充足的环境下也是可以茁壮成长的。

阳台不同，使用方法不同

我们常见的阳台一般有三种，即墙壁式、栅栏式、飘窗式。因为各自不同的特点，在种植植物时需要注意的方面也不尽相同。

· 墙壁式

墙壁式的阳台是开放式的阳台，阳台上部的通风情况很好，但是下部就比较差。我们最好将植物放在架子上，这样可以增强植物的光照，改善通风情况。另外，夏天时的阳光直射会使温度过高，所以一定要注意遮阳保护花草。不要将植物悬挂起来，也不要摆放在阳台边缘，以免掉落砸伤路过的行人。

· 栅栏式

栅栏式阳台也是开放式阳台，通风情况非常好，但是遇到大风的天气就会对植物造成伤害，放置植株的时候最好在栅栏内放置一块挡板，以免植物受到伤害。和墙壁式阳台一样，也需要注意夏季太阳对植物的直射。千万不要将植物悬挂起来，以免吹落砸伤行人。

- 飘窗式

飘窗式阳台是封闭式阳台，由于受外界温度影响比较小，所以一年四季都可以种植植物，但是通风性比较差，要记得经常开窗让植物呼吸新鲜空气。因为阳台是封闭的，所以可以随便装饰我们的小农场，不用担心砸伤行人了！

把植物园装饰得更美观

阳台的空间有限，怎么能让我们的植物园看起来丰富多彩，而又不显凌乱呢？我们有一些小妙招告诉你。

- 打造小小"梯田"

我们可以在阳台中搭建一个立体置物架，看似简单的架子会将我们的阳台空间划分出多个层次，这样既可以扩大种植面积，又可以增加喜阳植物的采光，可谓一举两得。

- 搭建种植槽

阳台上的空间有限，栏杆或檐口部分往往浪费了一块空间，我们可以在这个位置上悬挂一个种植槽，放置一些体积比较小的植物，但要注意，种植槽一定要安置在阳台内侧，如果掉落，很容易发生危险。

- **把植物吊起来**

　　小型的植物可以利用小巧精致的花盆种植，再放到吊篮中悬挂在阳台的天花板上，这样就可以把阳台空中的空间完全利用起来，又显得错落有致。要注意的是，吊篮的质量一定要有保证，否则就有可能伤到人。

工具：栽种时候的小帮手

　　要将自己的小农场打理成专业级的水平，当然专业的工具也是必不可少的，那么我们究竟应该准备哪些工具呢？

剪刀
　　剪刀可以用来修剪植物，也用来收获果实。

喷壶
　　用来给植物浇水。

小耙子
　　这是给植物松土的必备工具。

水桶
　　自来水是不可以直接浇花的，所以我们要把自来水盛放在水桶里，在空气中放置2~3天，让水温和含氧量都达到适宜的程度。

🍃 铲子

在移苗和铲土的时候用。

🍃 麻绳

如果植物需要支杆，就需要用麻绳来固定植物。

🍃 支杆

如果是长得高的植物，或者是喜欢攀爬的植物，我们就需要立起个支杆，以便植物可以更好地生长。

阳光和温度

🍃 光照的选择

植物有的喜阴，有的喜阳，我们可以将喜阳的植物置于置物架的高处，让它们充分接受阳光的沐浴；喜阴的植物则置于低处，避免阳光的曝晒。

即便是喜阳的植物，面对夏季炎炎的烈日，也会打不起精神来，所以当夏季来临时我们最好在阳台上搭建一个遮阳板，避免阳光的直接曝晒。

早晚的时候，阳光多为散射光线，对于植物来说是一天中最好的时光，这样的光照特别有利于植物的生长，这个时候就让植物多晒晒太阳吧。

防寒

阳台温度随着气温的变化而变化，冬季来临，一定要将不耐寒的植物搬入室内，温度要保持在5℃以上；即便是耐寒的植物放在室外也要设置些挡风板、覆盖草帘或塑料薄膜等保温设施，以免植物被冻伤。当气温降到0℃以下，一定要将植物搬入室内。冬季的夜晚，也要将植物搬入室内，以防止霜冻的侵袭。

降温

阳光的暴晒对植物的生长非常不好，我们除了要给植物遮阳之外，还要给植物适时地降温，如在植物的根部覆盖一些木屑、稻草、树皮等以保持植物的水分，防止土壤干燥。也可于早晚的时候在植物的叶子上喷洒一些水来降温，如果阳光太强，则最好将植物搬入室内。

香草的特殊光温需求

香草和其他的植物不太一样，可以分为长日照和短日照两种，但大部分香草都喜欢阳光充足、通风较好的环境，日照不足会导致植株徒长，直接影响到植物花芽的分化和发育。由于不同香草对光照的要求不尽相同，所以需要我们根据香草的生长习性来调节日光的照射量。

● **长日照香草** 长日照型香草每天的日照时间必须要控制在 12 小时以上才能现蕾开花，如果光照时间不足，植物就不会现蕾开花。

● **短日照香草** 短日照型香草每天的日照时间不可以超过 12 小时，日照时间过长植物就不会现蕾开花。

● **中日照香草** 所谓中日照香草就是香草中最好养活的那一种，它对日照时间并不敏感，不论长日照还是短日照，都可以很好地生长。

施肥也要讲究方法

🌿 怎样施肥

施肥要在适合的时间进行，在傍晚或者是阴雨天进行是最好的选择。施肥之前首先要松松土，在花草根部的四周挖开一条环形浅沟，然后放入肥料，用土填平。值得注意的是，液态肥不要撒在花叶和茎上，这样会对植物造成损伤。

施底肥

🌿 施肥的次数

施肥的次数要根据花草的习性和生长情况而定，一般来说 10~15 天施肥一次是最合适的，秋季可以每隔 30 天施肥 1 次，冬季植物处于休眠期，则不需要施肥。

追肥

🍂 施肥要领

春夏季节最好施液肥，夏末以后则要使用干性肥料，并且以薄肥为主，配比按照 7 份水、3 份肥的比例进行。施肥次日要浇水，并且浇透，松土也要及时，这样才更有利于植物的根系吸收营养。

🍂 追肥

如果使用在市场上买来的肥料追肥，就要根据说明来稀释一下。拿到肥料之后，要在根的外围挖一圈浅沟，注意浅沟不要离根的距离太近，也不要伤及根系。将肥料均匀地倒入沟内，再盖上土，然后浇水。浇水的目的一是可以稀释肥料，防止烧根；二是方便肥料下渗，这样营养会比较容易被植物吸收。

施肥之前一定要注意不要施未经腐熟的生肥，这样肥料在土壤中发酵会产生过多的热量，容易"烧死"植物。施肥也不要太过靠近根部，否则容易烧根。如果因为施肥造成了叶片枯萎、倒挂，那么要多浇水，以稀释肥料。

给植物补充水分

🍂 浇水时间学问多

夏季浇水要选择上午 8 点前或者下午日落后进行，春秋季节浇水选择在中午进行是最好的，冬季浇水的时间要在全天温度最高的午后 2 点左右，冬季浇水时适量添加一些温水也是可以的。

一天要浇多少次

春秋季节每隔 1~3 天要浇水 1 次，夏季每天都要进行浇水，冬季每 5~6 天浇水 1 次就可以了。浇水也要根据天气的情况来决定，天气燥热干旱就多浇水，在阴雨连绵的时候就少浇水。植物处在不同的生长周期需水量也是不同的，长叶和孕育花蕾的时候要勤浇水，开花时节要缓浇、少浇，休眠时期则要尽量控制浇水量。最为主要的是，要掌握植物的习性，了解植物是喜湿的还是耐旱的，一定要区分清楚。

浇水技巧

植物的不同时期，以及不同的植物之间浇水的方法也是不同的。当植物处在幼苗期的时候，浇水要用细孔喷壶，轻而微量地按照顺时针的方向喷洒。浇水之前一定要确认盆土不干不湿，并且没有积水。土壤的表面变干就是需要浇水的信号，耐旱的植物可以在盆土表面

浇水要一次浇透

喷水

完全干透后再进行浇水，而喜湿的植物则要在盆土表面干透之前。浇水要缓缓地进行，直到水从花盆底孔渗出为止，然后将托盘中积攒的水倒掉，以免将植物的根部浸烂。

忘记浇水怎么办

如果多日忘记浇水，植物的土壤过干，水分很难在短时间内全部浸入，我们可以在土壤上面扎开一个个小孔，然后再进行浇水——需要注意的是，不要伤到植物的根部——这样就可以对植物的缺水起到一定的缓解作用。但是这只是一个应急措施，缺少水分对植物是非常不好的，所以一定要尽量避免这样的事情发生。

上盆、换盆、换土：空间合适最重要

上盆

植物的小苗长大一些的时候生长空间就会变得比较局促，这个时候就需要上盆了。首先要用碎瓦片覆盖住盆底的排水孔，留出适当的孔隙，再填入四分之一的粗砂，然后再填入培养土，填土的高度达到盆高的一半即可，然后将植物放到

上盆

盆中，再慢慢填入培养土，在距盆口3~4厘米的时候停止放土。最后，轻轻提一提植物，使根部伸展不卷曲，再将土压紧，浇透水，放置

换盆

剪根减根

在光照较弱的地方 5~7 天，再移到阳台即可。

🍃 换盆

　　换盆首先是将植物连土一起倒出花盆，然后去掉枯根和一半的旧土，再将花草连同剩下的原土一起装入新盆，然后再填入一些新的培养土。最后将土壤压紧，浇透水，在室内光照较弱的地方放置3~5 天，再将植物搬到阳台就可以了。

🍃 换土

　　换土就是在换盆的过程中不使用原土，只加入新的培养土，目

换土

的是增加土壤的肥力。如果是自制培养土的话最好用烘干或熏蒸的方法消毒，以减少病虫害的发生。

给植物修剪一个漂亮的"发型"

🍂 修剪时间

修剪枝叶可以将病枯枝及时地摘除，使植物的主干能够更好地生长，也可以使植物长得更加漂亮。常绿植物多在春季进行修剪枝叶，落叶植物宜在秋后、越冬前进行修剪，生长过于旺盛的植物在生长期内就要视情况来进行修剪，可以收获果实的植物更要注意在生长期减去徒长枝、病枝、弱枝，以利于果实的生长。

剪枝

🍂 修剪原则

修剪有一个简单的原则，即：留外不留内，留直不留横，留下的剪口芽应向外侧。

🍂 修剪方法

摘心就是剪去枝条顶端部分，以促进侧芽生长。摘心的工作最好选择在早上9点之前完成，以利于植株的伤口愈合。摘心要适度，过多的摘心会造成枝叶过于茂盛，下方的叶子无法接受到足够光照，反而会造成植株生长不良。

摘叶就是在上盆或移植的时候，摘去大部分叶片，仅仅保留少数叶片，以减少水分的蒸发。摘叶的时候，保留的枝条上需保留 2~3 片叶子，若将叶子全部剪掉，植物就可能会枯死。在剪枝的过程中，要注意从植物的"节"上方剪下枝条，如果从"节"处剪断的话就不会有新枝长出。

植物繁殖：花盆变身小花园

播种

从时间上来说，植物的播种可以分为春播和秋播两种。

一般步骤是首先将种子放入培养土中，大粒的种子覆土厚度为种子直径的 3 倍，小粒的种子覆盖一层薄薄的培养土。然后将土壤压实后，浇透水，盖上一层塑料薄膜。每天及时浇水，以保持土壤的湿度。

当植株出芽的时候揭去塑料薄膜，将植物放在光线明亮的地方，等到幼苗长出四五片叶子的时候就可以进行上盆移植了。

撒播一般适于播种细小的种子或者是种植期间需要较多间拔的情况下。首先要做的是将种子放于掌心，然后均匀地播撒在泥土表面，再将土壤轻轻地覆盖在种子上面就可以了，不要担心种子播撒过密，生长过程中我们还可以进行间苗。

条播可以使植物排列生长以方便日后间苗。首先用木片、筷子或者是纸板等在土壤上划出沟槽，然后沿着沟槽将种子播种在其中，再用土壤将沟槽掩盖住。将纸片折叠，然后将种子放于其上进行播撒会更加方便。

点播是在植物以后需要移栽的情况下进行，一般是体积比较大的种子，首先是用手指挖出若干个洞来，然后在每个洞里放入 1~2 颗种子，再用泥土将洞填满。

分株

分株也是植物繁殖的一种方式，春季开花的植物要在秋季植物休眠的时候分株，秋季开花的植物最好选择在春季分株。

分株的方法主要有分割法和分离法两种。分割法就是将丛生的植物分割为数丛，或者将母株根部发出的嫩芽连根一起分割，再另行栽种；分离法是指将母株的新球根、鳞茎切下或者掰开，再另行栽种。

扦插

扦插主要分为枝插和叶插两种。

硬枝扦插多要选择在春秋时节进行，选择带 3~4 个芽的粗壮枝条，做成插穗，插入土中按常规养护生根即可。软枝扦插则多在夏季进行，截取 8~10 厘米长、还未硬化的枝条，插入土壤中按常规养护生根即可。

叶插多是在梅雨季节进行的，剪取一片带叶柄的叶子，浅浅地斜插入培养土中，浇水养护即可。

压条

指的是将母株枝条压入土中，生根后切离母株、另行栽种的繁殖方法。落叶植物进行压条选择在春、秋两季进行。

嫁接

嫁接是将一种花木的枝条或者新芽插入亲缘比较接近的另一株植株上，形成新的植株或新的品种的繁育方法，常用方法有枝接、芽接和考接三种。

合栽好处多

插花是一门艺术，栽种植物也可以将插花艺术与栽种的快乐巧妙结合，合栽就是带给我们这种快乐的种植方式。合栽首先就是要选择一个足够大的花盆，既然是合栽，那么花盆中就不可能只栽种一种植物，因此花盆要足够大才可以。

合栽植物

一般来说，要选择比植株体积大两倍的花盆，这样合栽才不会影响植株的根系自如生长。选好花盆后，先用碎瓦片覆住容器底部的小孔，然后放入培养土。合栽植物要根据植株根部的大小，按照由大到小的顺序依次栽种，苗与苗之间要填满培养土，否则在浇灌的时候土壤就会下沉。

合栽之前要做一些功课。因为只有了解清楚植物的形状、大小、颜色等特点，才能做成具有协调感的美丽合栽，还要根据植物的习性来选择生长环境相近的植物，这样才能让植物生长得更好。

首先是决定一下主要的植物，再根据主要植物的特点来挑选能够突出其美感的辅助性植物。基本上，花朵大、草茎高，具有较强生存感的植物适合做主要植物，花朵相对较小、草茎较低的植物做辅助性植物。只有考虑草茎的高低，协调栽种，才会更具有立体感。以花卉为主要植物，以香草为辅助性植物是非常完美的搭配法。另外，植物的颜色搭配也很重要，可根据主要植物的色彩来进行色彩搭配上的思考，例如，红与紫、红与橙等。

植物的生活习性主要是根据光照和水分而定的，大部分植物都是喜欢阳光的，因此对那些不喜欢光照的植物要多加关照。

第二章

DI-ER ZHANG

养花，打造家中好风景

观花花卉

三色堇

点点芬芳，浓浓思念

三色堇是欧洲常见的野花物种，也常栽培于公园中，是冰岛、波兰的国花。

三色堇因为一朵花有三种颜色而著称，但是也有一花纯色的品种。三色堇色彩艳丽，对环境的适应能力很强，是比较容易种植的一种花卉。

三色堇代表着"思念"的含义，这是它的花语。

别　　名	蝴蝶花、鬼脸花、人面花		
科　　别	堇菜科	栽培季节	夏季、秋季
温度要求	阴凉	容器类型	中型
湿度要求	湿润偏干	光照要求	喜阴
适合土壤	酸性排水性好的沙壤土	栽培周期	全年
繁殖方式	播种、扦插、压条	难易程度	★★

开始栽种

第1步

首先要将种子浸湿，晾干后就可以直接播种了，覆土2~3厘米即可。

2~3厘米

浸湿　　　　　　　　　　晾干

第2步

播种10天左右小苗就会长出。等小苗长到3~5片叶的时候，要进行上盆，然后置于阴凉的地方养护至少1周的时间，然后再放到阳台向阳的地方正常养护。

上盆

第3步

在生长旺季，要施1次稀薄的有机肥或含氮液肥。

含氮液肥　　　稀薄的有机肥

第4步

植株开花一般在种植2个月后，开花时要保持充足的水分，这样更加有利于增加花朵的数量，适当遮阴还可以延长花期。

第二章　观花花卉

25

第5步

开花后 1 个月结果。当卵形的果实由青白色转为赤褐色时，要及时采收。

注意事项

◎三色堇怎么浇水？

三色堇对土壤的干湿环境要求比较高，一般来说我们看到土壤干燥的时候再浇水就可以，保持盆土偏干的环境是比较适合三色堇生存的。冬季的时候更要控制好浇水的量，以免植物受到病害的侵扰。

怕旱　　怕涝

◎摘心在什么时候进行？

三色堇在生长期需要及时地进行摘心，剪去顶部的叶芽，以促使侧芽萌发，这样才可以使花朵开得更加繁盛。

◎三色堇只需要氮肥补充营养吗？

三色堇对肥料要求的量不大，但是对所含的营养有一定的要求，一般来说只需要氮肥来补充营养即可，也可在生长旺季追加 1 次稀薄的含磷复合肥。

含磷复合肥

山茶

可赏可尝，含蓄美好

山茶又被称为茶花，花期从10月到第二年的4月，品种繁多，色彩多样，是我国的传统十大名花之一。山茶花具有"美好、含蓄"的含义，不仅美丽多姿，全株还具有实用功效。

湿度要求 湿润

适合土壤 酸性排水性好的沙壤土

繁殖方式 播种、嫁接、扦插、压条

栽培季节 夏季、秋季

容器类型 中型

光照要求 喜阴

栽培周期 全年

难易程度 ★★

别　　名 曼佗罗、薮春、山椿、耐冬、
茶花

科　　别 山茶科

温度要求 温暖

  开始栽种

第 1 步

山茶花可采用扦插的繁殖方式，剪取当年生10厘米左右的健壮枝条，顶端留2片叶子，基部带老枝的比较合适。

10厘米

第**2**步

　　将插穗插入土中，遮阴，每天向叶面喷雾，温度保持在20~25℃，40天左右就可以生根了。

温度在 20~25℃

第**3**步

　　生长旺季施1次稀薄的矾肥水，当高温天气来临就要停止施肥，开花前要增施2次磷肥和钾肥。

矾肥水

高温时

开花前

增施2次

第**4**步

　　花芽形成后，要及时除去弱小、多余的花芽，每枝留有1~2个花蕾，同时摘除干枯的废蕾。

除花芽

剪枯蕾

第**5**步

　　花期一定不要向花朵喷水，花期结束时要及时除去残花，并立即追肥。

追肥

◎浇水时要注意

山茶花需要土壤保持充足的水分，夏季每天都要向叶片喷洒1次水，但不宜大量浇灌，山茶花积水容易造成植物根部的腐烂。

积水会造成根部腐烂

◎阳光不要很多

山茶花是一种不耐高温的花卉，炎热的夏季需要进行降温、遮阳，否则可能灼伤叶片，因此要尽量避免阳光直射。

阳光直射

◎花谢换盆

当秋天来临，花朵就要开始凋谢了，这个时候要及时进行换盆。将植株连土一起取出，剪去枯枝、病枝和徒长枝，并换入新土，浇透水后，进行遮阴养护。要注意的是山茶花的根系十分脆弱，移栽的时候一定要注意对植株的根系进行保护。

连土取出

移栽

剪枝

牡丹

天姿国色，花中之王

　　牡丹素有"花中之王"的美称，不仅拥有着华贵的气质，而且栽培历史悠久，是历代文人墨客称颂的典范。牡丹象征着富贵繁盛，种植一般用作观赏，但是牡丹的茎、叶、花瓣都具有很出众的药用价值。

别　　名	白茸、木芍药、洛阳花、富贵花
科　　别	芍药科
温度要求	耐寒
湿度要求	耐旱
适合土壤	中性排水性好的沙壤土
繁殖方式	播种、分株、嫁接、扦插
栽培季节	秋季

容器类型	大型
光照要求	喜光
栽培周期	8 个月
难易程度	★★

药食妙用　　食用牡丹花的历史从宋代就开始了。无论炒、炖、蒸，牡丹花的香气都不会因此而减退。牡丹对女性的月经不调、痛经等症状有很好的疗效。

开始栽种

培养土要选择含有沙土和肥料的混合性土壤，用园土、肥料和沙土混合的自制土壤也是可以的。

沙土　饼肥的混合土

粗沙　园土　腐熟的厩肥

将生长 5 年以上的牡丹连土取出，抖去旧土，放置于阴凉处晾 2~3 天，连枝一起切成 2~3 枝一组的小株。

控制开花的数量

牡丹在开花前要及时除掉多余、弱小的花芽，免得使其争抢营养的供给，从而使主要枝干的花朵开放得更加绚丽。

连土取出

将植株扶正，然后将根部放入土坑中，覆土深度达到埋住根部的程度即可，浇透水。

扶正　浇水

第 **4** 步

开花时，要在植株上加设遮阳网或暂时移至室内，以避免阳光直射，延长开花时间。

第 **5** 步

秋、冬季落叶后要进行整体的修剪，剪去密枝、交叉枝、内向枝以及病弱枝，保持整株的优美形态。

修剪整形

注意事项

◎浇水看时节

　　牡丹花需要水量还是比较大的，春、秋季每隔3~5天就需要浇1次水，夏季每天早晚要各浇水1次，冬季控制浇水。

除去多余、弱小的花芽

春、秋季3~5天浇水1次

夏季每天早晚浇水1次，冬季控制浇水

◎控制开花的数量

　　牡丹在开花前要及时除掉多余、弱小的花芽，免得使其争抢营养的供给，从而使主要枝干的花朵开放得更加绚丽。

花前10天　　花谢

磷钾肥　　稀薄液肥

玫瑰

美容养颜，调节情绪

玫瑰象征着美好的爱情，具有浓郁的香气，令人赏心悦目。玫瑰的品种和花色也多种多样，在家中种植不仅可以陶冶心性，为自己的家增加绵绵情意，还可以用来制作茶饮美食，可谓一举多得。

别　　名	刺玫、滨梨
科　　别	蔷薇科
温度要求	阴凉
湿度要求	耐旱
适合土壤	微酸性排水性好的沙壤土

繁殖方式	播种、分株、扦插
栽培季节	春季、夏季、秋季
容器类型	中型
光照要求	喜光
栽培周期	8 个月
难易程度	★★★

食用玫瑰花的历史从宋代就开始了。无论炒、炖、蒸，玫瑰花的香气都不会因此而减退。玫瑰花对女性的月经不调、痛经等症状有很好的疗效。

玫瑰可使用种苗种植，也可以直接去花卉市场或园艺店购买，选择健壮、无病虫害的种苗栽培。

健壮、无病虫害的种苗　　花卉市场或园艺店购买

初冬或早春，将玫瑰种苗浅栽到容器中，覆土、浇水、遮阴，当新芽长出后即可移至阳光充足的地方。

初冬或早春

移至阳光充足的地方

覆土、浇水、遮阴

当玫瑰的花蕾充分膨大但未开放的时候就可以采摘了，阴干或晒干后可泡花茶。

花开后需要疏剪密枝、重叠枝，进入冬季休眠期后，需剪除老枝、病枝和生长纤弱的枝条。

剪去密枝、重叠枝

分株

盆栽种植的玫瑰通常每隔 2 年需要进行一次分株，分株最好选择在初冬落叶后或早春萌芽前进行。

注意事项

◎浇水时注意什么？

玫瑰平时对水量的要求不高，盆土变干时浇水即可，当夏季炎热高温的天气来临，需要每天浇水。适当干旱的环境对玫瑰的生长是比较有好处的，如果浇水过多，过于潮湿的生长环境会导致其叶片发黄、脱落。所以一定要注意浇水的量。

夏季每天浇水

X

注意浇水的量

◎施什么肥料？

玫瑰每隔 10 天需要施 1 次腐熟的有机肥，而在开花前开花期需要各施 1 次磷钾肥，入冬前再施 1 次基肥。可以看出玫瑰还是很需要肥料的滋养的，其最适合在腐叶土、园土和河沙混合组成的培养土中生长，如果能够加入适量腐熟物作为基肥就更好了，这样的土壤我们自己动手就可以配制出来哦。

需要在通风良好的环境

◎玫瑰的生长环境

玫瑰花在通风良好的环境中会生长得比较好，如果周围的环境闷热潮湿，通风不良，植株就很容易感染上病害。

菊花

娇艳夺目，品种繁多

赏菊在中国有着悠久的历史传统，太多的文人墨客都因菊花的品格而赋诗吟诵。菊花有很多的品种，颜色也是多种多样，有着"高洁、遗世独立"的品格，既可以用于观赏，也可以用来净化空气，还可以制作茶饮、美食，具有明目、解毒的功效。

别　　名	寿客、金英、黄华、陶菊		
科　　别	菊科		
温度要求	阴凉	栽培季节	春季、夏季
湿度要求	耐旱	容器类型	中型
适合土壤	中性排水性好的肥沃土壤	光照要求	较喜光
繁殖方式	播种、扦插、分株、压条、嫁接	栽培周期	全年
		难易程度	★★

药食妙用　　菊花是中国中药材中非常常见的一种，对缓解眼睛疲劳、视力模糊有很好的作用。对于整天面对电脑的上班族来说，菊花茶是保护眼睛的必备饮品。

第1步

剪取有 2~4 节的新枝，长度在 10 厘米左右，摘去枝条下部的叶片，插入土中，然后浇水遮阴。

剪枝　　浇水遮阴

第2步

15~20 天的时间就可以生根了，1 个月后进行移栽上盆，浇透水后放到半阴处，1 周后进行正常养护即可。

移栽上盆

浇水遮阴

第3步

夏季每天早晚要各浇水 1 次，立秋后 2~3 天浇水 1 次，冬季要控制浇水量。

夏季每天早晚各浇水 1 次

立秋后 2~3 天浇水 1 次

第4步

花期前要增施 1 次磷肥和钾肥，开花期和休眠期就要停止追肥了。

花期前

磷肥和钾肥

第5步

生长期要及时剪去多余侧枝，花蕾长出后，独本菊需要选留一个最饱满的花蕾，多头菊每个分枝都要选留一个花蕾，其余要全部摘除。

留一个最饱满的花蕾

注意事项

○不同菊花、不同对待

菊花分为很多种类，多头菊花在生长期内一般要进行 2~3 次摘心，独本菊则不需要进行摘心，根据菊花的不同品种一定要区分对待哦！

多头菊花
2~3 次摘心

X

独本菊株

百合

吉祥美丽，用途广泛

百合，多年生球根草本花卉，其名称出自《神农本草经》，还有很多品种及名称。

百合花典雅多姿，常常被人们赞誉为"云裳仙子"，寓意着"百年好合"，是吉祥、喜庆的象征。

别　　名 番韭、山丹、倒仙

科　　别 百合科

温度要求 阴凉

湿度要求 湿润

适合土壤 微酸性排水性好的沙壤土

繁殖方式 播种、分小鳞茎、鳞片扦插

栽培季节 春季、秋冬季

容器类型 中型

光照要求 喜阴

栽培周期 全年

难易程度 ★★

开始栽种

第1步

在每年的9~11月份，将球根外围的小鳞茎取下，将其栽入培养土中，深度约为鳞茎直径的2~3倍，然后浇透水。

第 2 步

等到第二年春季，植株就会出苗，然后进行上盆、浇水，按常规养护即可。

第二年春季

第 3 步

生长期需要施 1 次稀薄的液肥，以氮、钾为主，在花长出花蕾时，要增施 1~2 次磷肥。

生长期以氮、钾为主

稀薄的液肥　　磷肥

现蕾期增施 1~2 次

第 4 步

花在半开或全开的状态下，根据需要可以进行采收，剪枝要在早上 10 点之前进行。

早上 10 点前

第 5 步

花期后，要及时剪去黄叶、病叶和过密的叶片，以免养分的不必要消耗。

注意事项

◎喜湿的百合

虽然百合花很喜欢潮湿的生长环境，但浇水量也不要过多，能够保持土壤在潮润的状态下就可以了，无

论是处在生长旺季或者是处在干旱天气的情况下都要勤浇水，向叶面喷水的方式比较好，因为这样还可以保证叶面的清洁。

水仙

亭亭玉立，香气馥郁

水仙有单瓣和复瓣两种，姿容秀美，香气浓郁，自古就被人们称誉为"凌波仙子"，水仙的花语是"敬意"和"思念"，充满着深情。

水仙不仅可以在土壤中栽种，还可以进行水培，根茎可以入药，但是花枝有毒，养护时要注意不要误食。

适合土壤	微酸性排水性好的沙壤土
繁殖方式	分株
栽培季节	春季、秋季
容器类型	大型
光照要求	喜光
栽培周期	10个月
难易程度	★★

别　　名	凌波仙子、金盏银台、洛神香妃、玉玲珑
科　　别	石蒜科
温度要求	阴凉
湿度要求	湿润

  开始栽种

第1步

初冬时节选取直径8厘米以上的水仙球株，最好是表面有光泽、形状扁圆、下端大而肥厚、顶芽稍宽的。

初冬时节

直径8厘米

第 **2** 步

洗净球体上的泥土，剥去褐色的皮膜，在阳光下晒 3~4 小时，然后在球的顶部划"十"字形刀口，再放入清水中浸泡 24 小时，然后将切口上流出的黏液洗净。

晒 3~4 小时

清水中浸泡 24 小时

第 **3** 步

将水仙球放在浅盆中，用石子固定，水加到球跟下部 1/3 的位置，5~7 天后，球根就会长出白色的须根，之后新的叶片就会长出。

5~7 天后

第 **4** 步

上盆后，水仙每隔 2~3 天换水 1 次，长出花苞后，5 天左右换 1 次水即可，鳞茎发黄的部分用牙刷蘸水轻轻刷去。

第 **5** 步

水仙开花期间，要控制好温度，并保证充足的光照，否则会造成开花不良或花朵萎蔫的现象。

温度不宜过高，并保证充足的光照

观叶花卉

羽衣甘蓝

美食变种，色彩艳丽

羽衣甘蓝实际上是食用甘蓝的变种，叶色多姿多彩，像极了大朵绽放的鲜花，观赏性非常强，非常适合用于美化城市景观，还能够进行水培。

羽衣甘蓝的口味和食用性同普通的甘蓝没有任何区别，是一种真正将食用性和观赏性相结合的植物。

别　　名 叶牡丹、牡丹菜、花包菜、绿叶甘蓝

科　　别 十字花科

温度要求 阴凉

湿度要求 湿润

适合土壤 中性的肥沃沙壤土

繁殖方式 播种

栽培季节 春季、秋季

容器类型 中型

光照要求 喜光

栽培周期 10个月

难易程度 ★★

开始栽种

羽衣甘蓝春播、秋播都可以，种子需浸泡 8 小时之后再播入容器之中，覆一层薄土，浇透水，5 天左右就会有苗长出。

浸泡 8 小时以上

可春播、秋播

羽衣甘蓝喜欢湿润的环境，生长期内要保持盆土的湿润，但是注意不要积水。

保持湿润但不要积水

盆土中要加入基肥，生长期每隔 10 天左右进行追肥 1 次。

每次采收后都要追肥　　　　10 天左右追 1 次

第**4**步

栽培一年的羽衣甘蓝呈莲座状，经冬季低温和长日照的漫长生长，可在四五月份开花。

开花了

第**5**步

羽衣甘蓝的果实在五六月份的时候成熟，成熟后就可以采种，采收后贮藏在低温干燥的地方。

采种

贮藏在低温干燥的地方

注意事项

◎羽衣甘蓝易生根

羽衣甘蓝采用扦插的方式进行繁殖，生根是比较容易的，一星期的时间就可以扎根了，两星期就可以移栽上盆了。

◎简易插穗，变化多样

由于羽衣甘蓝具有扦插繁殖比较容易的特点，我们可以根据老茎的长相在原植株不同的部位留3~5枝芽，按照这种方式进行培育，可以生长出多头羽衣甘蓝盆花。

◎控制喷水，防止萎蔫

喷水的方式更有利于羽衣甘蓝的生长，但喷水的次数比较灵活，可以根据天气的变化而定，在保证插穗不出现过分萎蔫的前提下，控制浇水次数比较利于植株的生长。

一星期开始扎根

两个星期就移栽上盆

留上3~5枝芽

控制浇水次数

芦荟

气味清新，功能多样

　　芦荟是灌木状肉质植物，原产于非洲，全世界约有300种。芦荟的叶片丰润肥美，形状变化万千，是一种看起来非常可爱的植物，叶片中的汁液丰沛浓厚，是美容养颜的上佳选择，无论是做面膜还是食用效果都很显著。

　　芦荟还可以吸收辐射和净化空气，可以说是都市生活中的必备植物。

别　　名	卢会、油葱、象胆、奴会	繁殖方式	分株、扦插
科　　别	百合科	栽培季节	春季
温度要求	温暖	容器类型	中型
湿度要求	耐旱	光照要求	喜光
适合土壤	中性排水性好的沙壤土	栽培周期	8个月
		难易程度	★★

药食妙用　　食用芦荟可以健胃通便，增强胃肠功能。老年人容易因为肠道不畅而导致心脑血管病的发生，吃点芦荟，可以增加消化液分泌，促进肠蠕动。

开始栽种

第1步

芦荟以分株繁殖为主，在春季结合换盆进行。首先将植株脱盆，萌生的侧芽切下，在切口的位置涂上草木灰，晾晒24小时后就可以进行移栽了。

涂上草木灰，晾晒24小时

第2步

1春秋季每5~7天浇水1次，夏季时每2~3天浇水1次，冬季低温的环境中要控制浇水量，也要注意花盆不要积水。

第3步

生长期要追1次腐熟的稀薄液肥，肥水不要浇到叶片上，如果土壤的肥力充足，也可以不进行追肥。

生长期可追肥一次

腐熟的稀薄液肥　　复合肥

第4步

芦荟栽种5年才会开花，让植株充分接受光照，保持空气干燥，每隔10天追施一次磷肥，会更加有利于植株开花。

每隔10天

磷肥

第**4**步

盆栽芦荟一般 1~2 年换盆一次，以春季换盆为宜。

1~2 年一次
以春季换盆为宜

芦荟最怕冷

芦荟不适合在寒冷的环境中生存，除了这个缺点，芦荟还是一种比较好养活的植物，生命力非常顽强，对水和肥的要求都不是很高。

注意事项

◎拔出来也能活

芦荟是一种非常神奇的植物，当容器中的泥土完全干燥的时候，将芦荟从花盆中拔出，用大纸袋包好收纳，到明年 4 月份的时候再移植到新的土壤中，芦荟依旧可以成活，并能茁壮生长。

拔出来也能活

◎芦荟最怕冷

芦荟不适合在寒冷的环境中生存，除了这个缺点，芦荟还是一种比较好养活的植物，生命力非常顽强，对水和肥的要求都不是很高。

◎只要腐叶不要肥

对于芦荟来说，最为理想的种植土是以沼泽土和沙为主的土壤。黏土不利于排水，应该尽量避免使用。如果土壤肥力足够充足，不进行施肥也是可以的。

沼泽土　　沙

腐叶土　　草灰　　贝壳片

土壤中含有肥料不需要施肥

常春藤

大吉大利，富贵一生

常春藤四季常青，喜欢攀缘墙面或者廊架之上，但是也有可悬挂起来的小型品种，随着四季的更迭，常春藤叶片的颜色也会随之变换，是植物中的变色龙。可以吸附空气中的有害物质，具有净化空气的作用，全株都可以入药。

| 别　　名 | 土鼓藤、钻天蜈蚣、长春藤、散骨风、枫荷梨藤 |

科　　别	五加科
温度要求	温暖
湿度要求	湿润

适合土壤	中性排水性好的肥沃土壤
繁殖方式	扦插、压条、播种
栽培季节	春季、夏季、秋季
容器类型	大型
光照要求	喜阴
栽培周期	全年
难易程度	★

药食妙用　　常春藤被人们称为"天然氧吧"，不管放置在房间的任何一处，都可以起到净化空气的作用。常春藤不仅可以吸附空气中苯、甲醛等有害气体，而且还能有效抵制尼古丁中的致癌物质，通过叶片上的微小气孔，常春藤能吸收有害物质，并将之转化为无害的糖分与氨基酸。

常春藤多采用扦插的繁殖方式，春、夏、秋三季均可进行，选取当年生的健壮枝条，剪下10厘米左右的嫩枝做插穗，插入培养土中，注意浇水遮阴。

10厘米

15天左右的时间植物即可生根，生长一个月后就可以移栽上盆，上盆后放在半阴处养护。

移栽上盆

常春藤作为一种攀缘性植物，需要搭设支架才可以生长，可通过绑扎枝蔓的方式引导藤蔓的生长方向，以保证植株的姿态优美。

生长期内要保持植株土壤的湿润，土壤要见干即浇水，若冬季低温则严格控制浇水。

盆土见干再浇水

冬季低温时要控制浇水

繁殖力强，生命旺盛

常春藤是一种比较容易繁殖的植物，春、夏、秋三季都可以进行扦插繁殖。

第 5 步

生长期需追 1 次稀薄的复合液肥和一次叶面肥，夏季高温和秋冬低温时要停止追肥。

夏季高温和秋冬低温

常春藤主要种类

1. 中华常春藤：常绿攀缘藤本。9～11月开花，花小，淡绿白色，有微香。核果圆球形，橙黄色，次年4～5月成熟。分布于我国华中、华南、西南及陕、甘等省。极耐阴，也能在光照充足之处生长。中华常春藤枝蔓茂密青翠，姿态优雅，可用其气生根扎附于假山、墙垣上，让其枝叶悬垂，如同绿帘，也可种于树下，让其攀于树干上，另有一种趣味。通常用扦插或压条法繁殖，极易生根，栽培管理简易。

2. 日本常春藤：常绿藤本，原产于日本、韩国及我国台湾。性强健，半耐寒，喜稍微荫蔽的环境。光照过弱或气温高时生长衰弱。是较好的室内观叶花卉。扦插、分枝、压条均可繁殖。

3. 金心常春藤：金心常春藤是常春藤家族中的一个园艺变种，中3裂，中心部嫩黄色，观赏价值高。

4. 西洋常春藤：常绿藤本，茎长可达30米，叶长10厘米，常3～5裂，花枝的叶一般全缘。叶表深绿色，叶背淡绿色，花梗和嫩茎上有灰白色星状毛，果实黑色。

注意事项

◎修整一下更美丽

在容器中插入一根金属丝，将其盘成圆形，然后将其茎条缠绕在金属丝上，以牵引藤蔓起到修整植株形态的作用。

仙人球

四季常绿，环保美观

仙人球为多年生肉质多浆草本植物，是沙漠中的王者，也是一种不需要太多关照的植物。它的茎呈球形或椭圆形，样子非常可爱，花期虽然短暂，但花朵十分娇美。仙人球可以吸收电磁辐射，甚至可以吸附尘土，净化空气，是环保清洁的小能手。

别 名	草球、长盛球		
科 别	仙人掌科	栽培季节	春季、夏季、秋季
温度要求	温暖	容器类型	不限
湿度要求	耐旱	光照要求	喜光
适合土壤	中性排水性好的沙壤土	栽培周期	全年
繁殖方式	扦插、嫁接	难易程度	★

药食妙用　仙人球夜间可以吸收二氧化碳，释放氧气，有利于净化空气，帮助睡眠。另外，用刀刮去仙人掌的外皮，捣烂后贴伤处，消毒包扎，可以治烫伤。

开始栽种

第 1 步

将母球上萌生的小球切下，晾晒 2~3 天后插入盆土中，以喷雾的方式供水。

晾 2~3 天

第 2 步

仙人球非常耐旱，春秋两季 5~7 天浇水 1 次即可，夏季 3~4 天浇水 1 次，夏季高温和冬季休眠期间，要控制浇水。

春秋两季 5~7 天浇水 1 次

夏季 3~4 天浇水 1 次

耐旱

第 3 步

如果培养土中的肥力充足，第一年可以不追肥，从第二年开始，生长期内需追 1 次腐熟的稀薄液肥，入秋后再追施 1 次氮肥。

稀薄液肥或复合肥

氮肥肥料

第4步

　　扦插繁殖的植株一般 2 年就可以开花了，植株以短日照的方式进行培植，就可现蕾。花蕾出现后土壤不要过干或过湿，这样有可能导致花蕾脱落。

第5步

　　换盆要在早春或秋季休眠前进行，剪去部分老根，晾 4~5 天，再栽入新土中，覆土，每天喷雾 2~3 次。

早春或秋季

每天喷雾 2~3 次

注意事项

◎喷水更好

　　仙人球是一种比较常见的沙漠植物，因此浇水量不可以过大，否则就会导致植株出现烂根的现象，用喷水的方式养护比较好。

◎仙人球爱阳光

　　仙人球喜欢阳光充足的生长环境，即便是阳光暴晒也没有关系，不要将植物放置在光线弱的场所，保证植物能在全日照的环境中生长是最好的。

◎盆小长不好

　　仙人球的根系虽然并不大，但是如果花盆太小也非常不利于植株的生长，要给它适当的生长空间，故要选择足够大小的花盆。

龟背竹

四季常青，挺拔大气

龟背竹的叶脉间有着很大的裂纹和穿孔，四季常青，叶片宽大，形状如龟甲一般，所以被称为龟背竹，有的品种叶片上还有不规则的斑纹，非常可爱。

龟背竹具有"健康长寿"的寓意，有着净化空气、消除污染的作用。

适合土壤	中性排水性好的肥沃土壤
繁殖方式	播种、扦插、分株、插条
栽培季节	春季、夏季、秋季
容器类型	大型
光照要求	喜阴
栽培周期	全年
难易程度	★★

别　　名	蓬莱蕉、铁丝兰、龟背蕉、电线莲、透龙掌
科　　别	天南星科
温度要求	温暖
湿度要求	湿润

 开始栽种

第1步

龟背竹往往采用扦插的繁殖方式。取长度20厘米左右的粗壮枝条，保留上端的小叶和气生根，将枝条插入培养土中，土壤要保持适当温度和湿度，30天左右就可以生根了。

扦插繁殖

在花盆中放入一半的培养土，栽入龟背竹苗，覆土以固定根部，覆至土面距离盆沿5~6厘米的时候，进行浇水，在半阴条件下养护，15天后进行第一次追肥。

5~6厘米

15天后

龟背竹喜欢湿润的环境，但是不要积水，春秋两季2~3天可浇水1次，夏季的时候每天浇水1次，冬季在低温的情况下要尽量少浇水。

夏季每天浇水1次

不要积水

春、秋两季2~3天浇1次

龟背竹不喜欢施生肥和浓肥，生长期内要追1次稀薄的液肥。秋末可增加少量钾肥，以提高植株抗寒能力，夏季高温和秋冬低温时要停止追肥。

秋末

钾肥

夏季高温和秋冬低温

龟背竹经常受到灰斑病的侵扰，多从叶边缘伤损处开始发病，及时除虫，剪除部分病叶，可以有效防止灰斑病的发生。

灰斑病

吊兰

美观可爱，功能多样

吊兰的枝叶纤细优美，自然下垂，四季常青，常常被人们悬挂于空中进行装饰，清风徐来，叶片随风拂动，十分美观可人。其花语是"无奈而又给人希望"。吊兰可以吸收甲醛等有毒气体，悬挂于房间非常有益于健康。全株都可以入药，具温凉止血的功效。

别　　名	桂兰、葡萄兰、钓兰
科　　别	百合科
温度要求	温暖
湿度要求	湿润
适合土壤	中性排水性好的肥沃土壤

繁殖方式	播种、扦插、分株
栽培季节	春季、夏季、秋季
容器类型	中型
光照要求	喜阴
栽培周期	8 个月
难易程度	★★

  开始栽种

第 1 步

春、夏、秋三季吊兰均可以分株，将长势旺的叶丛连同下面的根一起切成数丛，上盆栽种即可。

第2步

吊兰喜欢湿润的环境，春、秋两季要每天浇水1次，夏天每日早晚各浇水1次，冬季5天左右浇水1次，始终保持土壤湿润。

春、秋两季每天 　夏天每日早晚 　冬季每5天

第3步

吊兰在生长期每隔15天左右就要施1次稀薄的氮肥，但叶面有镶边或斑纹的品种不要施太多的氮肥，否则就会使线斑长得不明显了。

 稀薄氮肥　 稀薄氮肥

15天左右　　镶边或斑纹品种不要施太多的氮肥

第4步

每周向叶面喷洒1次稀薄的磷钾肥，连喷2~3周，可以保持盆土略干，这样可以促进吊兰开花。吊兰的花期一般在春夏间，在室内种植冬季也可以开花。

每周向叶面喷洒1次稀磷钾肥

第5步

吊兰最好是两年换一次盆，春季的时候剪去多余的根须、枯根和黄叶，加入新土栽种。

两年换1次盆

绿萝

叶片秀美，外伤常用

绿萝四季常青，姿态优美，常常攀附支杆生长，焕发着勃勃生气。绿萝多为全身通绿，但有些品种的叶面上也有黄色或白色的斑纹，无论是家居种植还是装饰庭院，都以其优雅姿态而大受欢迎。其花语是"守望幸福"。

别　　名	魔鬼藤、石柑子、竹叶禾子、黄金葛、黄金藤
科　　别	天南星科
温度要求	温暖
湿度要求	湿润

适合土壤	中性排水性好的肥沃土壤
繁殖方式	扦插、压条
栽培季节	春季、夏季、秋季
容器类型	中型
光照要求	喜阴
栽培周期	全年
难易程度	★★

药食妙用　　绿萝是一种非常具有观赏性的植物，此外还可以净化空气，外敷则能够起到化瘀消炎的作。

开始栽种

 第**1**步

绿萝主要采用扦插的方式进行繁殖，时间多是在 4~8 月间进行。剪取带有气生根的嫩枝 15~30 厘米，去掉下部的叶片，将 1/3 的枝条插入土中，浇透水后，遮阴并保持适宜的温度和湿度。

4月至8月

第**2**步

经过 30 天左右的时间就可以生根了。将 3~5 棵小苗一起移栽在一个容器中，放在半阴处养护。

30 天左右生根

第**3**步

绿萝在生长期内要保持盆土湿润，夏季要经常浇水，冬季则要控制浇水量。

夏季

冬季低温时要控制浇水

第**4**步

绿萝需要攀缘支架生长，通过绑扎、牵引枝蔓的方式将植株引向支架。

要有支架支撑

第**5**步

植物在生长期内需要追施1次稀薄的复合液肥，秋冬季节则要施加一次叶面肥。

生长期

秋冬低温施加叶面肥

复合液肥

注意事项

◎修剪一下更漂亮

绿萝需要及时地修剪一下，修剪工作应该在春天进行，将攀附不到支杆上的茎条缠绕在支杆上面，然后用细绳固定好，如果枝条太长，要进行适当修剪。

◎需要剪根的植物

绿萝的生长需要选择大小相当的容器，在移植绿萝的时候要注意一下花盆的大小，不要选择过小的花盆，这样很不利于植株根部的呼吸，换盆时可以将生长过于繁密的根系剪掉，一个容器中也不要栽种数量过多的植株。

◎怕冷的绿萝

绿萝不耐寒，冬季必须要移植在室内温暖的地方养护，如果绿萝处在温度低、土壤环境潮湿的环境中，就会导致植株的根系腐烂，甚至死亡，因此周围环境温度一定要保证在5℃以上。

观果花卉

量天尺

花色鲜艳，植株挺拔

量天尺的植株比较大，有着菱形的叶片，植株肥厚多汁，花朵硕大，香气四溢。

量天尺常常是攀附于支杆生长，具有非常强的观赏性，果实就是我们经常吃到的火龙果，花、茎还具有药用价值。

别　　名	霸王花、七星剑花、龙骨花、霸王鞭

科　　别	仙人掌科	栽培季节	春季、秋季
温度要求	温暖	容器类型	大型
湿度要求	耐旱	光照要求	喜阴
适合土壤	中性排水性好的沙壤土	栽培周期	8个月
繁殖方式	扦插	难易程度	★★

第**1**步

比较喜欢排水性好的土壤，将腐殖土、园土、沙土混合
土比较适合量天尺的生长。要选择颗粒比较细的培养土，
售的播种土代替。

园土　　　河沙混合

草木　　　腐熟有机粪肥

的量天尺茎，截成 15 厘米的小段，剪下后放在阴凉处
入土中；30 天就可以生根了，等根长到 3~4 厘米的时候
栽。

阴凉处晾 2~3 天

3~4 厘米

较耐
10 天
夏
。

春秋两季 10 天左右　　　　夏季浇水要勤

家庭养花与阳台种菜

第**4**步

　　生长期内需追 1 次腐熟的稀薄液肥或复合肥，入秋后再追 1 次肥。

生长期内需追肥 1 次

稀薄液肥或复合肥

入秋后再追 1 次肥

第**5**步

　　量天尺只有在植株高 3~4 米的情况下，才能够孕蓄花蕾。

高 3~4
米时

注意事项

◎保证充足的阳光

　　量天尺原是在热带气候的自然环境中生长的，喜欢充足的阳光照射，光照不足会直接导致植株的生长不良。

温度不可低于 6~7℃。

◎非常怕冷的植物

　　量天尺喜欢温暖甚至是炎热的环境，对于寒冷的天气十分畏惧，冬季温度也不可以低于 6~7℃。

◎喜欢依靠的植物

　　量天尺要经常进行修剪，这样既可以保持植株形态的优美又可以促进生长。

金橘

鲜亮夺目，果香四溢

　　金橘的果实金黄夺目，具有浓郁的果香，虽然植株的挂果时间并不是很长，但是株型优美，花朵洁白，观赏性也非常的强。金橘有着非常吉祥的寓意，很多家庭都在阳台、庭院里种植金橘，以金橘制成的菜肴更是美味可口。

适合土壤	微酸性排水性好的肥沃土壤
繁殖方式	嫁接
栽培季节	春季
容器类型	大型
光照要求	喜光
栽培周期	全年
难易程度	★★

别　　名	洋奶橘、牛奶橘、金枣、金弹、金丹、金柑
科　　别	芸香科
温度要求	温暖
湿度要求	湿润

  开始栽种

第 1 步

　　将金橘苗带土球上盆，浇透水后放置在半阴的环境中 10 天左右即可，然后再搬移到阳光明媚的地方培植。

半阴环境放置 10 天左右

第2步

　　生长期要保持土壤湿润，干燥时向叶面喷水，开花后期和结果初期都不可以浇水过多。

叶面喷水

不同时期浇水量不同

第3步

　　金橘喜肥，生长期需施加1次稀薄的液肥，花期前要追施1~2次的磷钾肥。

生长期

稀薄的液肥

花期前

磷钾肥

如何使盆栽金橘多结果？

　　要种好金橘，使其硕果累累，须掌握好以下关键环节：

　　（1）合理修剪。开春后，气温上升，金橘生长较快，必须进行修剪，促使每个主枝多发健壮春梢，为开花打下物质基础。为防止其过于旺长，两个月后还须进行第二次修剪，以剪梢为主。以后新梢每有8~10片叶时就要摘心一次，其目的是诱发大量夏梢，以期多开花结果。

　　（2）合理施肥和"扣水"。在第一次修剪后，要施一次腐熟的有机肥料（如人的粪尿、绿肥、豆饼、鱼肥等），其后每10天再补施一次。当新梢发齐，摘心后，要追施速效磷肥（磷酸二氢钾、过磷酸钙），以此来促进花芽形成。"扣水"，则能促进花芽分化，是指金橘在处暑前十余天，要逐渐减少浇水量，以利于形成花芽。

　　（3）保花、保果和促黄。盆栽金橘常会产生落花落果现象，为此，应做好果期管理控制工作。开花前后，应在午前、傍晚对叶面喷水降温。如发现抽生新梢要及时摘除。开花时应适当疏花，节省养分。当幼果长到1厘米大小时，还要进行疏，一般每枝留2~3个果为宜，并使全株果实分布均匀。

春季生长较快，要及时剪枝，但使主枝多发春梢。当新枝长到 20 厘米左右的时候要进行摘心，剪去顶梢的枝叶，以促使花枝分化，多发夏梢，使开花结果量提高。

摘心

在花蕾孕育期间要及时除芽，每个分枝只要保留 3~8 个花蕾即可，摘除其他花蕾以保证肥力。

及时除芽

注意事项

◎适时剪枝

剪枝对金橘很重要，早春和夏季时及时剪去病枝、弱枝以及过长、过密的枝条，可以让金橘免受病虫害的侵扰，并保证株型的美观。

◎为什么要疏果？

如果金橘长了过多的果实，我们可以根据植株的具体情况进行疏果，将长势一般的果子剪去，以保证长势好的果实继续生长。剪下的果实也是可以食用的，不要扔掉。

适当疏果

◎金橘喜肥

金橘喜欢在肥水充足的环境中生长，在种植之前首先要选择保水性和保肥力都比较好的土壤，土层较深厚的黑沙土是不错的选择，它更能促进金橘根系的发育，只要在种植中注意浇水施肥即可。

黑沙土　　黄沙土

珊瑚樱

果实浑圆，玲珑可爱

珊瑚樱有着小巧的果实，果色在不同的季节会有不同的变化，挂果的时间非常长，因而色彩斑斓绚丽，是一种非常可爱的观赏性植物。

珊瑚樱的根可以入药，但是全株和果实都是有毒的，不可以食用。

别　　名	冬珊瑚、红珊瑚、龙葵、四季果、看果

科　　别	茄科	栽培季节	春季、夏季、秋季
温度要求	温暖	容器类型	中型
湿度要求	湿润	光照要求	喜光
适合土壤	中性排水性好的肥沃土壤	栽培周期	全年
繁殖方式	播种、扦插	难易程度	★★

 开始栽种

第1步

在培养土中撒种后，覆一层薄土，发芽前都要保持土壤湿润，大约需要 10 天的时间就可以发芽了。

10 天左右便可出芽

第2步

当幼苗长到 5~7 厘米高的时候可以进行上盆移栽。

5~7 厘米

第3步

珊瑚樱不喜欢积水潮湿的环境，生长期内保持土壤湿润即可，开花期要少浇水。

开花期少浇水

第4步

生长期内要施 1 次稀薄的复合液肥，开花前再施加一些磷钾肥。

生长期

稀薄的复合液肥

开花前

磷钾肥

第5步

珊瑚樱播种半年就可以开花结果了。保证充足的光照和适宜温度，并追施磷、钾液肥，会延长挂果时间。

半年挂果

施磷、钾液肥

注意事项

◎珊瑚樱摘心

珊瑚樱处在生长期要进行多次摘心，以促进侧芽的生长，这样也可以使株型变得更加美观，增加结果量。

石榴

果实甜美，栽培简易

石榴是我们经常吃的一种水果，果肉甜美多汁，含有丰富的维生素C，营养价值约是苹果、梨等常吃水果的1~2倍。石榴不仅仅具有食用价值，还是一种非常可爱的观赏植物，花朵美丽，还具有杀虫、止泻的功效。

别　　名	安石榴、若榴、丹若、金罂、金庞		
科　　别	石榴科	栽培季节	春季
温度要求	温暖	容器类型	大型
湿度要求	湿润	光照要求	喜光
适合土壤	酸性排水性好的肥沃土壤	栽培周期	7个月
繁殖方式	扦插、分株、压条	难易程度	★★★

药食妙用　石榴可以有效地抵抗细菌和病毒，对皮肤病和癌症都有很好的治疗作用。石榴还可以保护心脏，调整心脏运动频率，软化血管、补血养气。

盆栽选用腐叶土、园土和河沙混合的培养土，并加入适量腐熟的有机肥。栽植时要带土团，地上部分适当短截修剪，栽后浇透水，放背阴处养护，待发芽成活后移至通风、阳光充足的地方。

腐叶土　　园土

河沙　腐熟的有机肥

第2步

　　生长期要求全日照，并且光照越充足，花越多越鲜艳。背风、向阳、干燥的环境有利于花芽形成和开花。光照不足时，会只长叶不开花，影响观赏效果。

第3步

　　石榴耐旱，喜干燥的环境，浇水应掌握"干透浇透"的原则，使盆土保持"见干见湿、宁干不湿"。在开花结果期，不能浇水过多，盆土不能过湿，否则枝条徒长，会导致落花、落果、裂果现象的发生。

开花结果期不能浇水过多

干透浇透

第4步

盆栽石榴应按"薄肥勤施"的原则，生长旺盛期每周施1次稀肥水。长期追施磷钾肥可保花保果。

生长旺盛期
每周施1次　　　　长期追施

稀肥水　　　磷钾肥

注意事项

◎石榴果什么时候算是成熟了？

石榴结果是很频繁的，它每年开3次花，这3次都会结果，当果皮由绿变黄的时候果实就成熟了。果皮表面出现光泽的籽粒饱满。

◎果实怎么裂了呢？

石榴的果实裂开主要是因为吸收的水分过多而导致的。所以在果实生长的后期，要停止浇水，及时排除多余的水，保持土壤适中的湿度即可，以防止果裂的现象发生。

过多的水分而裂果

第5步

由于石榴枝条细密杂乱，因此需通过修剪来达到株形美观的效果。夏季及时摘心，疏花疏果，达到通风透光、株形优美、花繁叶茂、硕果累累的效果。石榴结果是很频繁的，当果皮由绿变黄的时候果实就成熟了。

果皮由绿变黄

观赏辣椒

色彩绚丽，品种多样

　　观赏辣椒的品种很多，无论是果实形状还是颜色都十分丰富，果实在生长的过程中也有很多变化。观赏辣椒的挂果时间长，观赏性非常强，可以盆栽，部分品种还可以食用。

湿度要求	湿润
适合土壤	中性排水性好的肥沃土壤
繁殖方式	播种
栽培季节	春季、秋季
容器类型	中型
光照要求	喜光
栽培周期	8个月
难易程度	★ ★ ★

别　　名	朝天椒、五色椒、佛手椒、櫻桃椒
科　　别	茄科
温度要求	温暖

  开始栽种

第1步

　　首先用50℃的水浸种15分钟，再放入清水中浸3~4小时，捞出时用湿布包好，放在25~30℃的环境中催芽，种子露白就可以播种了。

用50℃的温水浸种15分钟，再放入清水中浸3~4小时

放在25~30℃的环境中催芽

播种后覆薄土，15 天左右就可以出芽。

15 天左右的时间便可以出芽

当植株长出 6~8 片叶子的时候，要进行移栽上盆，放在半阴处养护 7~10 天。

6~8 片叶子

半阴处 7~10 天

生长期内要保持土壤的湿润，但是也不可以积水，春秋两季每 3 天浇水 1 次，夏季每天浇水 1 次，结果初期要少浇水。

不可积水

春秋两季 3 天左右浇水 1 次，夏季 1 天浇水 1 次

结果时控制湿度

观赏辣椒在结果期间，空气和土壤的湿度都不要过高，如果结果量大，要及时进行疏果，这样可以使养分的供应更加集中。

生长期施 1 次稀薄的复合液肥，结果初期要增加磷钾肥的用量，夏季高温的情况下要停止追肥。

结果初期要增施磷钾肥

稀薄的复合液肥

夏季高温停止追肥

第三章
DI-SAN ZHANG

种菜，花盆里长出的
健康食材

果类蔬菜

西红柿

口味独特，营养丰富

西红柿是营养价值非常高的蔬菜，还可以当作水果生食。

西红柿的品种在大小上差异很大，初学者在栽种的时候应该选择更容易栽种的小西红柿。

栽种时要注意选择排水性好的土壤，光照充足的位置以及花朵授粉时的方法。

别　　名	番茄、洋柿子、六月柿
科　　别	茄科
温度要求	阴凉
湿度要求	湿润
适合土壤	中性排水性好的肥沃土壤
繁殖方式	播种、植苗

栽培季节	春季
容器类型	大型
光照要求	喜光
栽培周期	2个月
难易程度	★★★

药食妙用　刚摘下来的西红柿口味纯正，酸甜可口，西红柿中含有丰富的维生素和膳食纤维，热量低，是瘦身排毒的绝佳食品。

第 1 步

首先要选择长有7~8片叶子的苗，茎部要结实粗壮。将小苗放置在容器中挖好的土坑中。选取一根70厘米长的支杆，插入泥土中，注意不要伤到植物的根部，用麻绳将植物茎与支杆捆绑在一起。

支杆的长度为70厘米

为什么要嫁接呢?

在所有品种的幼苗中，嫁接苗的抗病性最强，虽然价格比较贵，但是比较适合初学者，所以我们在种植幼苗的时候最好要选择嫁接苗，要注意的是栽种时嫁接处不要埋在土里。

第 2 步

植株生长1周后，将植株所有的侧芽都去掉，只留下主枝。

1周

去掉侧芽

第 3 步

3周后选取3根2米长的支杆，插入到容器中，将植株顶端与支杆进行捆绑。当第一颗果实大约长到手指大小的时候，进行追肥，以后每隔2周进行一次追肥。

立支杆

3周

2周追肥一次

第4步

8周的时间西红柿就应该红了，将果实从蒂部上端采摘下来。

8周

第5步

当植株长到和支杆一样高时，将主枝上端减去，让植株停止往上生长。

注意事项

◎为什么花朵授粉在西红柿栽种中如此重要？

如果西红柿的花朵不进行授粉的话，就会造成只生长叶子而不生长果实的情况。这个时候我们需要做的就是轻轻摇动花房，进行人工授粉，这样才可以收获美味的果实。

◎果实出现裂缝是怎么回事？

成熟了的果实如果被雨淋了，就会导致果实的内部膨胀出现裂缝。所以要将容器移动至避免淋雨的位置，这样才能保证果实不受伤害。

黄瓜

口感爽脆、生长迅速

黄瓜古称胡瓜，由西汉张骞从西域带到中原，由此而得名。黄瓜生长非常迅速，一般植苗后1个月左右便可以收获，适宜温度为18~25℃，不耐寒，春天要等到气温显著回升后再进行栽培。

适合土壤 中性排水性好的肥沃土壤

繁殖方式 播种、植苗

栽培季节 春季

别　　名 胡瓜、青瓜

科　　别 葫芦科

温度要求 温暖

湿度要求 湿润

容器类型 大型

光照要求 喜光

栽培周期 2个月

难易程度 ★★

药食妙用　　黄瓜含有大量的水分，生吃不仅清脆爽口，味道清香，还保3留了黄瓜中大部分的营养，因此黄瓜生吃的好处是大于熟食的。

第1步

　　首先要选出色泽好、枝干结实的幼苗。用手夹住幼苗，放到已经挖好坑的土壤中，轻轻覆土，同时注意嫁接品种要将嫁接处露在土外，在泥土中插入支杆，同时注意不要伤到植株根部。

发芽期

　　播种至第一片真叶出现，一般5~7天，此阶段生长速度缓慢，需较高的温湿度和充足的光照，以促进及早出苗及出苗整齐，防止徒长。

第2步

　　1周后选择3根支杆间隔地插入泥土中，在支杆顶部进行捆绑。用麻绳将蔓与支杆进行捆绑，捆绑力度要放松。然后进行追肥，撒在植株根部并与泥土混合的地方，以后每2周要追肥1次。

幼苗期

　　从第1片真叶展开至第4~5片真叶展开，一般需要30天左右。此阶段开始花芽分化，但生长中心仍为根、茎、叶等营养器官。管理目标为促控相结合，培育壮苗。

第3步

　　当第一茬果实长到15厘米长的时候要及时收获，这样可以使原植株更好地生长。此后当果实长到18~20厘米的时候收获即可。

长度为15厘米

结瓜期

　　从第一个雌瓜坐瓜至拉秧，持续时间因栽培方式不同而不同。此阶段植株生长速度减缓，以果实及花芽发育为中心，应供给充足的水肥，促进结瓜、防止早衰。

第3步

当植株长到与支杆一样高的时候，要将主枝的上部剪掉，使侧芽生长。剪枝一定要选择在晴天进行，以防止植物淋雨。

为何会出现畸形瓜？

主要症状有蜂腰瓜、尖嘴瓜、大肚瓜、弯瓜、僵瓜等。形成原因是栽培管理措施不当，如水肥管理不当造成植株长势弱；温度过高、过低造成授粉受精不良；高温干旱、空气干燥；另外土壤缺微量元素时也可形成畸形瓜。

注意事项

◎植株的间距是怎样的？

黄瓜苗与苗之间的距离要保持在 30 厘米以上，否则就会影响植株的生长。

间距为 30 厘米

◎选什么样的苗最合适？

选购种苗的时候最好选择嫁接的品种，黄瓜嫁接品种的抗寒性、抗病性比一般植株都要好。

肥料不足、温度过高

◎黄瓜弯曲是怎么回事？

黄瓜弯曲是由于肥料不足、温度过高所导致的，但是弯曲的黄瓜并不比直的黄瓜口感差。如果想要培育出直的黄瓜，那么就要认真地浇水、施肥啊！

黄瓜弯曲

◎剪枝是为了什么？

黄瓜剪枝主要是为了增加果实的收获量。这样植物就更容易将营养输送到枝芽，从而使果实长得更多更好。

迷你南瓜

生命力强，容易培植

　　南瓜的种类很多，不过培育方式大致相同，盆栽栽种出的南瓜重量一般是400~600克。南瓜摘取后，放置一段时间会使其口味更甜更可口。南瓜不易腐坏，切开后即便放置1~2个月，营养和口感也不会变差。

别　　名	麦瓜、番瓜、倭瓜、金冬瓜、金瓜
科　　别	葫芦科
温度要求	耐高温
湿度要求	耐旱
适合土壤	中性排水性好的肥沃土壤
繁殖方式	播种、植苗

栽培季节	春季
容器类型	大型
光照要求	喜光
栽培周期	3 个月
难易程度	★ ★ ★

 开始栽种

第1步

　　南瓜的品种很多，南瓜蔓长的品种需要较大的栽种面积，因此要根据自己的实际情况选择合适的容器以及种植品种。用手按住苗的底部，将苗的根部完整地放入已经挖好坑的容器中，埋好土后轻轻按压。

第2步

3周后留下主枝和2个侧枝，然后将其余的芽全部去掉。

3周

第3步

南瓜开花后，将雄花摘下，去掉花瓣，留下花蕊，将雄花贴近雌花授粉，注意带有小小果实的是雌花。

第4步

当最初的果实逐渐变大时，进行一次追肥，以后每隔2周追肥一次。

每2周追肥一次

第5步

南瓜蒂部变成木质、皮变硬的时候就可以收获了。

注意事项

◎必须要人工授粉吗?

南瓜的雌花如果不进行授粉，就会造成只长蔓而不结果的情况，在大自然中这种时候蜜蜂等昆虫往往会帮忙，但是在阳台上种植就无法实现了，人工授粉是确保成功结果的最好方式。

◎光长蔓不结果时怎么办?

南瓜对氮肥的需求量并不多，施用过多就会导致只长蔓不结果的情况出现，因此一定要控制好肥料的使用，以免收获不到果实。

草莓

酸甜可口，样子可爱

草莓外观呈心形，鲜美红嫩，果肉多汁，有着特别而浓郁的水果芳香。但草莓不耐旱，即使在休眠期的冬季也别忘记时常浇水。高温多湿的环境易让草莓患白粉病或灰霉病，所以夏季一定要注意植物的通风。

别　　名	红莓、洋莓、地莓、士多啤梨
科　　别	蔷薇科
温度要求	温暖

湿度要求	湿润	容器类型	中型
适合土壤	酸性排水性好的肥沃土壤	光照要求	喜光
繁殖方式	播种、植苗	栽培周期	7 个月
栽培季节	秋季	难易程度	★★

 开始栽种

第 1 步

草莓叶子根部膨胀起来的部分叫作齿冠，齿冠要长得粗壮，草莓才会长得好。在一个中型容器中至多挖 3 个坑，间距为 25 厘米，然后将草莓种苗埋入坑中，土要略覆盖按齿冠部分，用手轻轻按压后浇水。

第2步

种植 3 个月的时候进行第一次追肥，一株施肥 10 克左右，撒在草莓底部。

第3步

当新芽长出后，要将枯叶去掉，这个时候开出的花没有结果的迹象，也要直接摘除。

第4步

当果实刚刚长出来的时候，要在植株底部铺上一层草或锡纸。

第5步

种植半年左右要进行收获前的最后一次追肥，撒在底部，与土混合，一个月后就可以收获了。

注意事项

◎选择什么样的苗呢？

草莓的苗比较容易受到细菌的感染，选择脱毒草莓苗保证草莓在比较安全的前提下进行栽种，是比较保险的。

脱毒草莓苗

◎为什么要统一草莓苗的爬行茎？

草莓是通过爬行茎的生长来繁殖新苗的，果实一般生长在爬行茎的对侧。植苗的时候，最好将不同草莓苗的爬行茎的方向统一一下。

第三章 ▶ 果类蔬菜

85

茄子

传统佳蔬，营养丰富

茄子是我们日常生活中最常见到的蔬菜之一，用种子栽培不容易成活。作为初学者，我们最好选择成苗的植株进行栽种。每年的5~8月是收获茄子的季节，要注意及时采摘。

别　　名	落苏、昆仑瓜、矮瓜
科　　别	茄科
温度要求	温暖
湿度要求	湿润
适合土壤	中性排水性好的肥沃土壤
繁殖方式	播种、植苗
栽培季节	春季

容器类型	大型
光照要求	喜光
栽培周期	6个月
难易程度	★★

 开始栽种

选择整体结实、叶色浓绿，并带有花蕾的种苗。用手夹住种苗底部将其放在已经挖好坑的容器中，准备1根长60厘米的支杆，在距苗5厘米的位置插入土壤，并用麻绳将其与植株的茎轻轻捆绑。土层表面有干的感觉时就要及时浇水。

第2步

2周后要将植株所有的侧芽都去掉，只留下主枝。当出现第一朵花时，留下花下最近的2个侧芽，其余的全部摘掉。选择1根长为120厘米的支杆，插到菜苗旁边，用麻绳进行捆绑。此后每2周要进行追肥。

立支杆

每2周追肥一次

第3步

为了让植株更好地生长，当果实长到10厘米左右的时候，即可用剪刀将果实从蒂部剪取。

第3步

7月上旬到8月下旬，将旧的枝剪去，新的枝就会长出来，接下来只要静心等待收获的到来就可以了。

注意事项

◎选择什么样的日子摘取侧芽呢？

一般来说，摘取侧芽要选择在晴天进行，侧芽可用手轻轻地掰掉，也可用剪刀剪掉。

◎第一次结果的时间掌握

茄子第一次结果的采摘时间一定要提前，只要茄子长得光泽饱满了就可以进行采摘，提早于标准收获期是完全可以的。

扁豆

快速成熟，营养丰富

扁豆可以分为带蔓的和不带蔓的两个品种，不带蔓的扁豆栽培期为60天左右，自己栽种建议选择这种进行栽植。扁豆不喜欢酸性土壤，果实成熟后要早些摘取，否则就会影响到果实口感。

别 名	南扁豆、茶豆、南豆、小刀豆、树豆
科 别	豆科
温度要求	耐高温
湿度要求	耐旱
适合土壤	碱性排水性好的肥沃土壤
繁殖方式	播种
栽培季节	春季

容器类型	中型或大型
光照要求	喜光
栽培周期	2个月
难易程度	★

 开始栽种

第1步

在容器中挖坑，株间距保持在20~25厘米。每个坑里至多放3粒种子，种子之间不要重合，然后覆土、浇水，种子发芽前一定要保证土壤湿润。

20~25厘米

20~25厘米

第**2**步

2 周后将植物所有的侧芽都去掉，只留下主枝。当叶子长到 2~3 片时，3 株小苗中选出最弱的剪掉，留下 2 株。然后进行培土，以防止小苗倒掉。

第**3**步

不带蔓的扁豆品种可以不立支杆，如果处在风较强的环境中，可以简单立支杆，用麻绳轻轻捆绑。当苗长到 20 厘米时，可追肥 10 克，与表层的土轻轻混合。

20 厘米

第**2**步

开花后 15 天左右就可以收获，扁豆尚不成型的情况下收获是最好的，会更加香嫩可口，收获晚了扁豆就会变硬。

土壤板结怎么办?

浇水会使得土壤变硬，经常松土，可以有效改善土壤板结的情况。

注意事项 ◎**怎样防鸟?**

扁豆的嫩芽是鸟类的至爱，如果不想办法的话，扁豆嫩芽可能要被小鸟吃光，在植株上罩一层纱网可以有效抵御鸟的侵袭。

叶类蔬菜

油菜

栽种容易，口感脆嫩

油菜喜冷凉，抗寒力较强，种子发芽的最低温度为3~5℃，在20~25℃条件下三天就可以出苗，油菜不需要很多的光照，只要保持半天的光照就可以了。

撒种的时候，要注意不要栽植过密，这样会使得油菜没办法长大。油菜容易吸引害虫，要罩上纱网做好预防工作。

别　　名	芸苔、寒菜、青江菜、上海青、胡菜		
科　　别	十字花科	栽培季节	春季、秋季
温度要求	温暖	容器类型	中型
湿度要求	耐旱	光照要求	短日照
适合土壤	中性排水性好的肥沃土壤	栽培周期	1 个月
繁殖方式	播种	难易程度	★

开始栽种

第1步

将土层表面弄平，造深约1厘米、宽约1~2厘米的小壕，壕间距为10~15厘米。每间隔1厘米放1粒种子，然后盖土，浇水，发芽之前都要保持土壤湿润。

10~15厘米 1厘米

第2步

油菜发芽后，要将发育不太好的菜苗拔掉，使株间距控制在3厘米左右。为了防止留下来的菜苗倒掉，要适量进行培土。

3厘米

虫害的防治

油菜的虫害主要有蚜虫、潜叶蝇等。防治药剂有40%乐果乳油或40%氧化乐果1000~2000倍液、20%灭蚜松1000~1400倍液、2.5%敌杀死乳剂3000倍液等。蚜虫防治可以设置黄板诱杀蚜虫，或利用蚜茧蜂、草蛉、瓢虫、食蚜蝇等进行生物防治。

第3步

当本叶长到2~3片的时候，将肥料撒在壕间，与土混合，然后将混了肥料的土培到株底，并保持株间距为3厘米。

第 **4** 步

当植株长到 10 厘米高的时候在垄间施肥 10 克左右。

施肥 10 克左右

10厘米

第 **5** 步

当长到 25 厘米的时候就可以收获了，用剪刀从植株的底部剪取。错过采摘时间，油菜生长过大，口感就会变差。

适时采摘

25厘米

注意事项

◎撒种的时候要注意什么？

在播撒种子的时候一定要注意不要将种子播撒得太密，种子重合生长会给日后的间苗带来很大困难。

◎间出的苗也是宝

间出来的菜苗不要扔掉，它也是一种营养蔬菜，我们可以把它当作芽苗菜食用，无论是炒菜还是生吃都非常可口哦！

苦菊

口感清脆，种植简便

　　苦菊有很多品种，主要是体现在大小的不同上面，盆栽种植最好选择小株。苦菊是一种非常不耐寒的蔬菜，在保证温度的同时要勤于浇水，这样苦菊会长得更好。

适合土壤	中性排水性好的肥沃土壤
繁殖方式	播种
栽培季节	春季、秋季
容器类型	中型
光照要求	短日照
栽培周期	1个月
难易程度	★

别　　名	苦苣、苦菜、狗牙生菜
科　　别	药菊科
温度要求	温暖
湿度要求	湿润

药食妙用　　苦菊具有抗菌、解热、消炎、明目等作用，是清热去火的药食佳品。

开始栽种

第 **1** 步

　　先在土壤上造深约 1 厘米、宽约 1~2 厘米的小壕，壕间距为 15 厘米左右，每隔 1 厘米放 1 粒种子。注意种子不要重叠，然后轻轻盖土，浇水，发芽前要保持土壤湿润。

15 厘米

10~15 厘米

第 **2** 步

　　当小苗都长出来后，将发育较差的小苗拔掉。株间距要保持在 3 厘米左右。在小苗的根部适量培土，以防止植株倒掉。

株间距 3 厘米

间出的小苗是美味

　　间出的小苗不要扔掉，小苗鲜嫩无比，是不可多得的美食，我们可以用它来炒菜、生吃，既健康又美味。

第**3**步

当本叶长出 3 片的时候,进行第一次追肥,将肥料撒在壕间与泥土混合。往菜苗根部适量培肥料土。

第**4**步

当长到 20~25 厘米的时候,进行间苗,使株间距控制在 30 厘米左右。剩下的苦菊要培植成大株,因此要进行最后一次追肥。

30 厘米

20~25 厘米

注意事项

◎虫子怎么这么多?

苦菊非常受害虫的欢迎,如果不尽快采取措施,辛苦栽种的蔬菜就要被虫子吃光了,在容器上面罩上一层纱网可以有效地防止害虫侵袭。

◎苦菊不能随便摘

苦菊采摘后非常不容易保存,水分会迅速流失,现摘现吃既新鲜又美味,是最佳的选择。

现摘

◎选种要注意什么?

苦菊的采种应在植株顶端果实的冠毛露出时为宜。种子的寿命较短,一般为 2 年,隔年的种子发芽率将大大降低,以当年的种子发芽率为最高。

西兰花

通身可食，口感爽脆

西兰花可以利用的地方非常多，最初长出来的顶花蕾、后来长出来的侧花蕾和茎都可以食用。生长期可以从春天一直到12月份。

别　　名	青花菜、绿菜花、花椰菜
科　　别	十字花科
温度要求	温暖
湿度要求	耐旱
适合土壤	中性排水性好的肥沃土壤

繁殖方式	植苗	光照要求	喜光
栽培季节	春季、夏季、秋季	栽培周期	1个半月
容器类型	大型	难易程度	★★

 开始栽种

选择长势端正、没有任何损害痕迹的小苗，放入已经挖好坑的容器中，培好土后轻压浇水。

第 2 步

2 周后，要进行第一次追肥，将肥料与土混合，为了防止小苗倒掉，要适当培土。

第一次追肥

第 3 步

当顶尖花蕾的直径达到 2 厘米时便可以收获，然后进行第二次施肥，施肥 10 克，与土混合。

2 厘米

第 4 步

当侧花蕾的直径为 1.5 厘米的时候可以进行第二次收获，茎长到 20 厘米高时用剪刀剪取也可以食用。

第二次收获

20 厘米　　1.5 厘米

注意事项

◎西兰花是菜花吗？

　　西兰花和菜花是两种不同的蔬菜，菜花一般只食用花蕾的部分，而西兰花的花和茎都可以食用，茎部往往比花蕾部分更加爽脆，口味类似于竹笋，非常可口。

菜花花蕾　＋　竹笋

西兰花

◎西兰花的剪切方法

　　采摘西兰花的时候，不要用手直接进行处理，一定要用刀子或者剪刀进行采摘，否则很容易破坏茎部的组织。

2 厘米

生菜

香脆可口，耐寒易种

　　生菜的生长周期非常短，栽培30天左右就可以收获了，生菜抗寒、抗暑的能力都很强，不需要我们过多的照顾，是懒人种植的最佳选择。但是生菜不可以接受太多的光照，否则就会出现抽薹的现象，夜间也不要放在有灯光的地方。

别　　名	鹅仔菜、莴仔菜		
科　　别	菊科		
温度要求	温暖		
湿度要求	湿润	容器类型	中型
适合土壤	微酸性排水性好的肥沃土壤	光照要求	喜光
繁殖方式	植苗	栽培周期	1 个月
栽培季节	春季、夏季、秋季	难易程度	★

  开始栽种

第1步

　　选择色泽好、长势良好的苗放入已经挖好坑的土壤中，要尽量放得浅一些，用手轻压土壤，然后浇水。如果同时栽种 2 株以上的话，植株间要保持在 20 厘米左右的间距。

20厘米

第 2 步

2 周后，要进行追肥，撒在植株根部，并与泥土混合。

叶子的颜色不好是怎么回事?

叶子若受到雨水的影响就会变黄，为了防止雨水从芽口处灌入，去侧芽要选择在晴天进行，这样也可以使植株看起来更加健康。

第 3 步

当菜株的直径长到 25 厘米的时候便可以收获，用剪刀从外叶开始剪取，现吃现摘。

25 厘米

注意事项

◎抽薹是什么?

抽薹是指植物因受到温度和日照长度等环境变化的刺激，随着花芽的分化，茎开始迅速生长，植株变高的现象，直接导致的就是茎叶的徒长。生菜如果抽薹，叶子就会变硬。因此即使在夜间也要把生菜搬到光亮照不到的地方去。

◎生菜有很多种

生菜的品种有很多，按照生长状态可以分为散叶生菜和结球生菜。在色彩上更是多种多样，将不同品种、色泽的生菜种子放到一起培植，还可以获得混合生菜。

25 厘米

散叶生菜　　散叶生菜

萬苣叶子生菜　　西生菜

菠菜

柔嫩多汁，营养丰富

菠菜喜欢阴凉的环境，要避免夏日栽培，在秋季播种是最好的选择，日常养护的时候光照也只能最多半天，夜里受灯光照射也不利于菠菜的生长。菠菜在寒冷的环境中味道会变甜哦！

别　　名	菠棱、鹦鹉菜、红根菜、飞龙菜		
科　　别	藜科	栽培季节	春季、秋季
温度要求	阴凉	容器类型	中型
湿度要求	湿润	光照要求	短日照
适合土壤	微酸性排水性好的肥沃土壤	栽培周期	1个月
繁殖方式	播种	难易程度	★

 开始栽种

在平整的土壤上面造壕，每间隔1厘米放入1粒种子，种子不要重合。然后浇水，发芽前务必要保持土壤湿润。

1厘米

第2步

当子叶长出后，将长势较差的小苗拔去，使株间距控制在3厘米左右。往根部培培土，以防止小苗倒掉。

株距3厘米

第3步

当本叶长到2片的时候，要进行第一次施肥，将肥料撒在壤间，与土混合后将肥料土培向菜苗根部。

第4步

当菜苗长到10厘米时，要进行第二次追肥，撒在壤间，并与泥土混合，然后将混合了肥料的土培向菜苗的根部。

10厘米

第5步

当菠菜长到20~25厘米的时候，就可以用剪刀剪取收获了。

20~25厘米

菠菜的营养价值

菠菜不仅含有大量的胡萝卜素和铁，也是维生素 B_6、叶酸和钾质的极佳来源，蛋白质的含量也很高，每0.5公斤菠菜就相当于两个鸡蛋蛋白质的含量。

注意事项

◎多一次间苗

如果我们希望菠菜生长成比较大的个头，就需要进行第二次间苗，将植株的间距控制在5~6厘米就可以了。

◎限制光照

菠菜的生长不喜欢光照，光照过多就会使菠菜出现抽薹的现象，灯光照射也会出现抽薹的现象，即使是在夜里也要将植株搬移到灯光照不到的地方，这样才可以让其生长得更好。

茼蒿

淡淡苦香，营养健康

茼蒿的栽种季节可以是春季也可以是秋季，种类主要是根据茼蒿叶子的大小而划分的，盆栽应该选择抗寒性、抗暑性都强的中型茼蒿。茼蒿剪去主枝后，侧芽还可以继续生长，因此成熟后可以不断地收获新鲜的蔬菜。

 别　　名 蓬蒿、春菊

科　　别 菊科

温度要求 耐寒

湿度要求 湿润　　　　　　**容器类型** 大型

适合土壤 微酸性排水性好的肥沃土壤　**光照要求** 短日照

繁殖方式 播种　　　　　　**栽培周期** 1 个月

栽培季节 春季、秋季　　　　**难易程度** ★

 开始栽种

在土层表面挖深约 1 厘米左右的小壕，每隔 1 厘米撒 1 颗种子，然后覆土、轻压、浇水。

1～2 厘米　1 厘米

第2步

2周后，进行第一次间苗，当叶子长出1~2片的时候要再次进行间苗，将弱小的菜苗拔去，使苗之间相隔3~4厘米。为了防止留下的菜苗倒下，要往菜苗的根部适当培土。

3~4 厘米

第3步

当叶子长到3~4片的时候，要进行拔苗，使苗之间相隔5~6厘米。追肥10克，撒在植物根部与泥土混合。为防止留下的菜苗倒下，要适当培土。

5~6 厘米

第4步

当叶子长到6~7片的时候，就可以第一次收获了，从菜株的根部进行剪取，使株间距保持在10~15厘米的距离，然后进行第二次追肥，将肥料撒在空隙处，然后培土。

10~15 厘米

第5步

当植物长到20~25厘米的时候，进行真正的收获，可以将植株整株拔起，也可将主枝剪去，使侧芽生长。

侧芽
主枝
侧芽
20~25 厘米

注意事项 ◎栽种种子的时候要注意什么？

茼蒿的种子非常喜光，栽种的时候只要轻盖土即可，这样可以让种子感受到光照，更加有助于种子发芽生根。

小白菜

清热解毒，健康美味

小白菜是一种抗寒性、抗暑性都较强的蔬菜，但在冬季温度较低的情况之下不能栽种，其他的季节都可以。小白菜容易吸引害虫，要时时留意害虫的踪迹，及时进行处理。小白菜生长速度很快，要注意收获的时间，不然会影响口感。

别　　名	油白菜、夏菘、青菜		
科　　别	十字花科	栽培季节	春季、夏季、秋季
温度要求	温暖	容器类型	中型
湿度要求	湿润	光照要求	喜光
适合土壤	中性排水性好的肥沃土壤	栽培周期	1个半月
繁殖方式	播种	难易程度	★

 开始栽种

 第 1 步

将土层表面弄平，制造深约1厘米的小壕，壕间距为10厘米。每隔1厘米放一粒种子，注意种子之间不要重合。轻轻盖土，然后浇水。

第**2**步

　　苗差不多都长出来后，要进行间苗，使苗间距为3厘米。为使留下的菜苗不倒下，要往苗底适量培土。

适时间苗

3厘米

第**3**步

　　当本叶长出3~4片时，我们要进行第二次间苗，使得苗间距为5~6厘米。进行追肥，撒在壕间并与土壤混合。为了防止留下的菜苗倒掉，要往植株的根部适量培土。

5~6厘米

第**4**步

　　4周后，当植株底部逐渐变粗，要进行第三次间苗，使株间距为15厘米左右。施肥10克撒在壕间，与土混合。为防止菜苗倒地,适量进行培土。

15厘米

第**5**步

　　当菜苗长到高约15厘米后便可以收获了，从底部用剪刀进行剪取。

15厘米

注意事项

◎种子放多了会怎样?

　　在播撒种子的时候，一定要注意播撒种子的数量，如果放了过多的种子，就会造成幼苗长出后过于拥挤，也就不利于苗壮。

◎种子要怎样培植?

　　湿润的土壤环境更加有利于种子发芽，因此在种子发芽之前，一定要保持土壤的湿润。

细香葱

清热解毒、促进消化

　　细香葱的样子和小葱非常相似，富含胡萝卜素和钙质，具有清热解毒、促进消化、温暖身体的作用，对于头痛、风寒感冒、阴寒腹痛等症状也有一定的效用，可以当蔬菜食用。

别　　名	冻葱、冬葱、绵葱、四季葱、香葱
科　　别	百合科
温度要求	阴凉
湿度要求	湿润
适合土壤	中性排水性好的沙壤土
繁殖方式	播种、嫁接

栽培季节	春季、秋季
容器类型	中型
光照要求	喜光
栽培周期	8 个月
难易程度	★★

药食妙用　　细香葱的花、叶皆可以入菜，作为沙拉、炒饭、汤羹、料理的调味料，风味独特。种植细香葱还可以有效驱走小花园中的蚜虫。

第1步

　　细香葱以播种或分株的方式进行栽培。播种时，将种子直接播撒在土中，覆土要薄，用喷壶喷水以保持土壤湿润。

分株

播种

第2步

　　播种7天左右的时间，细香葱就会发芽了。出芽后的植株要放在阳光下面接受照射。

7天后

第3步

　　当小苗长出3~4片叶子的时候，就可以进行定植了。选择生长健壮的小苗定植，每2~3株种植在一起，种植深度为3~4厘米为最佳。

定植

种植深度3~4厘米

第4步

　　当植株长至15~20厘米的时候要及时进行采收，从距土面3厘米的位置上剪下。但栽种第一年，由于植株相对弱小，不要采收过多。

15~20厘米

3厘米

第**5**步

细香葱每隔 2~3 年就要进行一次分株，以免植株长得太过茂密。将丛生的植株挖出，修剪根须后，将株丛掰开后再分别种下。

2~3 年

可爱的细香葱

细香葱是多年生草本植物，属于百合科家族，是和洋葱关系密切的一种植物，我国各地都有栽植。细香葱高 30~40 厘米，鳞茎聚生，外皮红褐色、紫红色、黄红色至黄白色，膜质或薄革质，不破裂。叶为中空的圆筒状，向先端渐尖，深绿色，常略带白粉。栽培条件下不抽薹开花，用鳞茎分株繁殖。但在野生条件下是能够开花结实的。

人们种植细香葱用它的空心的草状的叶子调味。细香葱的花朵是玫瑰紫色的，成簇开放。家用的细香葱可以种植在花园里或是小花盆里。柔软幼嫩的细香葱叶被用来做沙拉、干酪混合料、汤、摊鸡蛋等其他诸如此类的菜肴。如果细香葱植株是健康的，被取用的叶子会被新叶所代替。

注意事项

◎风、水、肥缺一不可

通风、浇水、施肥是细香葱茁壮生长的前提因素，将细香葱放置在通风情况比较好的环境中，浇水要结合追加稀释肥料进行，这样更有利于植株的生长。

◎开花有点慢

细香葱一般都是通过播种的方式进行繁殖的，在种植第一年往往是不会开花的，第二年即便开花，花期也并不长。

第二年才会开花

种子繁殖

根茎类蔬菜

洋葱

防癌健身，促进食欲

洋葱鳞茎粗大，外皮紫红色、淡褐红色、黄色至淡黄色，内皮肥厚，肉质。洋葱的伞形花序是球状，具多而密集的花，粉白色。花果期5~7个月。

初学者选择从幼苗开始栽培洋葱的方法比较合适，一般来说洋葱是春种秋收的，但是家庭栽种洋葱在任何时间都可以收获。洋葱适应性非常强，栽种失败的情况很少，初学者很容易就能掌握种植要领。

别　　名	球葱、圆葱、玉葱、葱头、荷兰葱

科　　别	葱科，旧属百合科

温度要求	温暖

湿度要求	湿润

适合土壤	中性排水性好的肥沃土壤

繁殖方式	植苗

栽培季节	秋季

容器类型	大型、中型

光照要求	喜光

栽培周期	4个月

难易程度	★

第1步

选择不带伤病的幼苗，将土层表面弄平，造深约 1 厘米、宽约 3 厘米的小壕，壕间距为 10~15 厘米。将洋葱苗尖的部分朝上。将植株轻轻盖住，不要全盖了，幼苗的尖部留在土外。然后进行浇水，浇水的时候不要浇得过多，否则幼苗容易腐烂。

3 厘米
10~15 厘米 15 厘米

第2步

当苗长到 15 厘米的时候，进行追肥，将混合了肥料的土培向菜苗根部。

第一次追肥

15 厘米

第3步

10 周后，进行第二次追肥，根部膨胀后施肥 10 克，将肥料撒在壕间，与土壤混合。将混合了肥料的土培向根部。

当叶子倒了的时候，就可以收获了，抓住叶子拔出来就可以了。

收获后的存放

洋葱一般情况下都比较容易保存，收获后将洋葱放置在通风良好的地方至少半天的时间，这样更加有利于洋葱的保存。

注意事项

◎空间要留足

洋葱一般是不进行间苗的，因此在栽种的时候，我们要留有足够的空间，让植株能够更好地生长。一般来说，苗与苗之间的距离达到10~15厘米是比较合适的。

15厘米

◎出现枯叶不要不管不顾

洋葱在生长期间如果出现了枯叶，就要及时将枯叶剪掉，否则枯叶容易导致洋葱出现病害现象。

◎洋葱的肥料

洋葱是一种喜欢肥料的蔬菜，特别是植株出芽之后。缺乏磷酸元素的话，会造成洋葱的根部难以膨胀，在施底肥的时候要多加入含磷酸量比较多的肥料。

磷酸肥

土豆

营养丰富，诱人食欲

土豆是由种薯发育而成的，栽培期间要不断加入新土，所以容器要选用大的，也可用袋子做容器使用。土豆喜欢温凉的环境，高温不利于土豆的生长发育。土豆对土壤的要求不高，只要不过湿就可以了。

 别　　名 马铃薯、洋芋

科　　别 茄科

温度要求 阴凉

湿度要求 耐旱

 适合土壤 中性排水性好的肥沃土壤

繁殖方式 催芽栽种

栽培季节 春季、夏季

容器类型 大型、深型或袋子

光照要求 喜光

栽培周期 3个月

难易程度 ★

 开始栽种

 第 1 步

将土的一半放入容器或袋子里，将种薯切开，切时注意芽要分布均匀，切开后每个重约30~40克。将种薯切口朝下放入挖好的洞中。种薯之间的距离控制在30厘米，盖土约5厘米深。

第2步

当新芽长到 10~15 厘米高后，将发育较差的新芽去掉，只留 1 株或 2 株。按 1 千克土配置 1 克肥料的比例，将土和肥料混合，倒入容器中，然后进行浇水。

土豆块茎的长成

（1）块茎形成期：从现蕾到开花为块茎形成期，块茎的数目也是在这个时期确定。从现蕾到开花这段时期，块茎不断膨大。（2）块茎形成盛期：从开花始期到开花末期，是块茎体积和重量快速增长的时期，这时光合作用非常旺盛，对水分和养分的要求也是一生中最多的时期，一般在花后 15 天左右，块茎膨大速度最快，大约有一半的产量是在此期完成的。（3）块茎形成末期：当开花结实结束时，茎叶生长缓慢乃至停止，下部叶片开始枯黄，即标志着块茎进入形成末期。此期以积累淀粉为中心，块茎体积虽然不再增大，但淀粉、蛋白质和灰分却继续增加，从而使重量增加。

第3步

当植株出现花蕾的时候，要和上次一样进行追肥、加土。

第4步

13 周后，茎、叶变黄、干枯后，就可以收获了。将植株连茎拔出就可以见到土豆了。

◎土壤的准备

在种植土豆之前，首先要处理好土壤，土豆对光照的要求比较大，所以可先将容器或袋子放在一个带轮子的木板上，这样就可以非常轻松地移动植株了，按照不同的时间调整光照，以让土豆长得更好。

◎为什么要用种薯？

任何一个市场都可以买到土豆，用整个土豆当作种薯岂不是很方便？事实上是不行的，我们平时吃的土豆没有进行特殊的处理，容易感染病毒，收获量也就随之受到限制。在栽培土豆之前首先要确认种薯是脱毒的，并且是有芽的。

◎收获后的工作

土豆皮如果是潮湿的，就很容易坏掉，所以收获最好要选择在晴朗的天气进行，然后将土豆皮晒干，这样土豆可以储藏很长时间。

将土豆皮晒干，土豆不容易坏掉

◎这样的土豆不要吃

如果土豆长芽了，千万不可以吃，土豆有芽的部分或是变绿的部分含有毒素，对人体的伤害非常大。

◎切刀务必消毒

马铃薯晚疫病、环腐病等病原菌在种薯上越冬，在切芽块时，切刀是病原菌的主要传播工具，尤其是环腐病，目前尚无治疗和控制病情的特效药，因此要在切芽块上下功夫，防止病原菌通过切刀传播。具体做法是：准备一个瓷盆，盆内盛有一定量的75%酒精或0.3%的高锰酸钾溶液，准备三把切刀放入上述溶液中浸泡消毒，这些切刀轮流使用，用后随即放入盆内消毒。也可将刀在火苗上烧烤20~30秒钟然后继续使用。这样可以有效地防止环腐病、黑胫病等通过切刀传染。

白萝卜

促进消化，甜辣爽脆

白萝卜在春季和秋季都可以进行播种，但是白萝卜喜欢阴凉的环境，害怕高温，如果在春季播种很容易出现抽薹的现象，所以最好选择在秋季播种。白萝卜的叶子容易受到蚜虫、小菜蛾的侵扰，可以在菜苗上罩上纱网以预防虫害。

别　　名	芦菔、青萝卜
科　　别	十字花科
温度要求	阴凉
湿度要求	湿润
适合土壤	中性排水性好的肥沃土壤

繁殖方式	播种
栽培季节	春季、秋季
容器类型	大型、深型或袋子
光照要求	喜光
栽培周期	2 个月
难易程度	★★★

  开始栽种

第 **1** 步

将土层表面弄平，挖深约 2 厘米、直径约 5 厘米的洞。一个洞里撒 5 粒种子，种子之间不要重合。然后盖土轻压，在发芽前要保持土壤湿润。

10~20 厘米

第2步

当本叶长出来后，要进行间苗。为防止留下的苗倒掉，要适当培土。

第3步

当本叶长出 3~4 片后，还要再次间苗，使一个洞里只剩 1 株或 2 株，间出的苗可以用来做沙拉。追肥的时候将肥料撒在植株根的位置，与土混合。为了防止留下的苗倒掉，要适当进行培土。

第4步

当本叶长出 5~6 片叶子的时候，要进行第三次间苗，一个洞里只剩下一株。追肥 10 克，将其撒在植株根部，与泥土混合。

第三次间苗

第5步

当根的直径达 5~6 厘米的时候，就可以收获了，握住植物的叶子，然后慢慢将它拔出来。

收获

5~6 厘米

注意事项

◎白萝卜劈腿怎么办？

如果土壤中混有石子、土块，本应该竖直生长的根受到阻碍，就很可能出现劈腿的现象。所以在准备土的时候，应该用筛子去掉不需要的东西，把土弄碎。另外，苗受伤也是劈腿的一个原因之一，间苗的时候一定要小心。

种香草，让室内多一缕幽香

易种植香草

薄荷

翠绿清新，愉悦身心

　　薄荷是多年生草本植物，多生于山野湿地河旁，根茎横生地下。叶对生，花淡紫色，花后结暗紫棕色的小粒果。

　　薄荷有着非常清新的气味，能够促进血液循环，舒缓紧张的情绪，使人的心情愉悦。薄荷还具有清热明目、消炎止痛的功效，是一种比较常见的香草。薄荷叶色翠绿，株型也非常可爱。

别　　名	野薄荷、南薄荷、土薄荷		
科　　别	唇形科	栽培季节	春季
温度要求	温暖	容器类型	中型
湿度要求	耐旱	光照要求	喜光
适合土壤	中性排水性好的沙壤土	栽培周期	8个月
繁殖方式	播种	难易程度	★★

第1步

薄荷的种子细小，出芽率比较低，因此在播种前需要松土。在容器上覆盖上一层保鲜膜，并在上面扎出几个小孔，并将其置于光照充足的地方。

园土　　腐熟有机肥　　粗砂

第2步

种子发芽后要揭去保鲜膜。如果幼苗拥挤，要进行适当间苗。每2~3天浇水一次，浇水要浇透，且不要直接浇到叶子上，以免发生病害。

浇透水

浇水时需要注意的

因为薄荷的种子非常细小，需将种子均匀撒播在培养土上。浇水要选择用喷壶喷水的方式，以免种子被水流冲走。

第3步

过期的牛奶、乳酸菌饮料和淘米水对于薄荷来说是非常好的肥料，可每隔15~20天施一次稀薄的有机肥。

牛奶　　乳酸菌　　淘米水

有机肥

废物利用

第 4 步

当植株的高度超过 25 厘米的时候，需要对植物进行摘心，摘掉植株最顶端的叶尖部分，以促进侧枝的生长。摘下的茎叶是可以食用的，可以用来泡茶或做成美食。

25 厘米

及时摘心

第 5 步

薄荷通常是在 7~8 月的时候开花，此时需要充分的阳光照射，但是浇水量不要过多。薄荷自花授粉往往是不结果实的，往往需要异花授粉才能够结实。开花后 20 天种子就可以成熟了。

需要异花授粉

不宜浇水过多

注意事项　◎水对于薄荷的重要性

水分对薄荷的生长发育有很大影响，植株在生长初期和中期需要大量的水分，按时按量地给薄荷浇水可以使薄荷生长得更好，因此千万不要忘记给植物浇水哦！

薄荷的生长习性

薄荷适应性很强，喜温和湿润环境，地上部能耐 30℃以上温度，适宜生长温度为 20 ~ 30℃，根比较耐寒，-30℃仍能越冬。生长初期和中期需要雨量充沛，现蕾期、花期需要阳光充足，光照不足、连续阴雨天会导致薄荷油和薄荷脑含量低。栽培薄荷的土壤以疏松肥沃、排水良好的沙质土为好。

薄荷根入地 30 厘米深，多数集中在 15 厘米左右土层中。薄荷 7 月下旬至 8 月上旬开花，现蕾至开花 10 ~ 15 天，开花至种子成熟 20 天。

鼠尾草

气味清新，健康自然

鼠尾草是一种常绿小型亚灌木，有木质茎，叶子灰绿色，花蓝色至紫蓝色，原产于欧洲南部与地中海沿岸地区。鼠尾草的花语是"家庭观念"。鼠尾草中含有丰富的雌性荷尔蒙，对女性的生理健康能够起到有效的保护作用，气味清新自然，对舒缓情绪也能够起到很好的作用。用鼠尾草入药还可以改善头痛、偏头痛。

别　　名	洋苏草、普通鼠尾草、庭院鼠尾草	繁殖方式	播种
科　　别	唇形科	栽培季节	春季、夏季
温度要求	温暖	容器类型	中型
湿度要求	耐旱	光照要求	喜光
适合土壤	弱碱性排水性好的沙壤土	栽培周期	8 个月
		难易程度	★ ★ ★

第**1**步

　　鼠尾草既可以播种，也可以进行扦插繁殖。播种前需要用40℃左右的温水浸种24小时。

40℃左右的温水浸种

第**2**步

　　种子发芽的过程中要保持土壤湿润，保持充足的光照，加强通风。

第**3**步

　　当植株长出2~3片叶子时，就可以进行移栽了，移栽前要准备好疏松、透气性好、肥力足的土壤，植株定植后要进行浇水。

有机肥

第**4**步

当植株长出4对叶子的时候，进行摘心，保留2对叶子，这样可以有效地促进侧芽的萌发。

适时摘心

鼠尾草显苞时不修剪

植株在出现花苞的情况之下不要进行修剪，以免伤及花苞，当第一轮花开结束后最适合修剪花枝，此时可将植物的枯枝、弱枝剪除并补充肥料。

第**5**步

鼠尾草的嫩叶可以随时进行采摘，根据植株的长势不同可以收获多次。

注意事项

◎**开花很慢的鼠尾草**

鼠尾草会在栽种的第二年开花，但是不结果，栽种期限3年以上的鼠尾草才会结果。

◎**注意施肥，会长得更好**

鼠尾草适合生长在肥力较足的土壤之中，即使在生长期也要经常施肥，水分和肥料的合理供应是鼠尾草长得茁壮的保证。

◎**鼠尾草显苞时不修剪**

植株在出现花苞的情况之下不要进行修剪，以免伤及花苞，当第一轮花开结束后最适合修剪花枝，此时可将植物的枯枝、弱枝剪除并补充肥料。

2~3 年

甜菊

气味香甜，药食兼用

甜菊是一种宿根性草本植物，株高 1~3 米，叶对生或茎上部互生，边缘有锯齿。花为头状花序，基部浅紫红色或白色，上部白色。甜菊是一种带有甜甜气味的香草，这是因为甜菊的叶子中含有一种叫作甜菊糖的甜味物质。虽然甜菊味甜，但是热量很低，是糖尿病、心肌病、高血压患者绝佳的代糖食品。

别　　名	甜草、糖草、糖菊、瑞宝泽兰		
科　　别	菊科	栽培季节	春季、夏季
温度要求	温暖	容器类型	中型
湿度要求	湿润	光照要求	喜光
适合土壤	中性保水性好的肥沃沙壤土	栽培周期	8 个月
繁殖方式	播种	难易程度	★ ★ ★

 开始栽种

第 1 步

甜菊的种子外部有一层短毛，播种前要将短毛摩擦掉，再用温水浸泡 3 个小时，捞出后就可以播种了。

晾干

温水浸泡 3~4 小时

第**2**步

播种前要进行松土，将种子混合少量细土并均匀地播撒在土壤中，不需要再次覆土，用喷壶喷水即可。

第**3**步

甜菊的幼苗不耐干旱，浇水最好使用喷雾器喷水。当幼苗长出 2~3 对叶子的时候，可以进行第一次追肥，移植前 7~15 天要停止追肥。

氮肥肥料

第**4**步

当植株长出 5~7 对叶子的时候就可以进行移栽了。移栽前施足底肥，选择在早晚或阴天的时候进行，并浇足水。

移栽

底肥

第**5**步

移栽后追肥可以和浇水同时进行，以促进植株生长。

磷钾肥

注意事项

◎甜菊最甜的时候

甜菊在现蕾前叶片上面的甜味最浓，选择在这个时候进行采摘是最合适的选择，一定要把握好时间。

艾草

香气浓郁，治病驱虫

艾草是逢到端午节时都会见到的植物，在百姓的心中有着辟邪驱灾的吉祥内涵。实际上艾草还具有调理气血、温暖经脉、散寒除湿的功效，能够治疗风湿、关节疼痛等症状，它奇异的香味还能够驱赶蚊虫。

别　　名	冰台、遏草、香艾、蕲艾、艾蒿		
科　　别	菊科	栽培季节	春季
温度要求	耐寒	容器类型	中型
湿度要求	湿润	光照要求	喜光
适合土壤	中性潮湿的肥沃沙壤土	栽培周期	8 个月
繁殖方式	播种	难易程度	★★

 开始栽种

第**1**步

艾草用播种或者是分株的繁殖方式均可。选择播种的方式进行培植，要注意覆土不可以过厚，0.5 厘米即可，否则会导致出苗困难。

分株繁殖　　　　　播种繁殖

0.5 厘米

第2步

播种后要保持土壤湿润，出苗后要注意及时松土、间苗。

第3步

当苗长到10~15厘米的时候，按照株间距20厘米左右进行定苗。

第4步

植株生长期间，我们可以随时摘取植株的嫩叶食用，每采摘一次，就要施加一次有机肥，以氮肥为主，适当配以磷钾肥。

第5步

艾草种植3~4年的时间就可以进行分株了，分株要在早春芽苞还没有萌发的时候进行的，将植株连着根部挖出，选择健壮的根状茎，在保持20厘米株距情况下另行种植，压土浇水即可。

注意事项

◎栽种前的准备工作

艾草在种植前要做好准备工作，施加足够的基肥，并保持土壤的湿润，给种子发芽创造一个好环境。

功能多香草

牛至

营养丰富，诱人食欲

牛至为多年生草本或半灌木，在自然状态下分布于海拔500~3600米的山坡、林下、草地或路旁。牛至具有很强的抗氧化功效，能够抗衰老，是很好的美容食品，并且还具有增进食欲、促进消化的作用，每餐配上一点牛至作为食材辅料，既可以增加美食的香味又可以补充营养，实在是一举多得。

别　名	奥勒冈草、俄力冈叶、披萨草、蘑菇草
科　别	唇形科
温度要求	耐寒
湿度要求	耐旱
适合土壤	微酸性排水性好的肥沃土壤
繁殖方式	播种、扦插
栽培季节	春季、夏季
容器类型	中型
光照要求	喜光
难易程度	★★

第 1 步

牛至在播种前要进行松土，将种子均匀撒播在土中，覆上约0.2厘米厚的细土，用喷壶保持土壤湿润即可。所用喷壶喷头孔隙要小，以防浇水时水珠打击土层使土壤板结而影响出苗。

0.2厘米

细孔喷壶

第 2 步

牛至种子非常细小，出苗前不要进行浇水，喷壶是保持土壤水分的最好选择，所以要做到勤补水，补水时以打湿土层表面为宜。当出苗后生长高度达到2厘米左右时才可以采用小水灌溉，频率大约为每3天1次。另外，还要注意保持良好的通风。

第 3 步

当植株长到4~6厘米高时，就能够进行移栽了。移栽后要适时松土，以保持土壤的透气性。

4~6厘米

松土

适时移栽

第 **4** 步

摘心的时候要配合追施稀薄的氮磷肥，以促进侧芽的生长。

稀薄的氮磷肥

第 **5** 步

牛至也可以用扦插和分株的方式进行繁育，早春或晚秋的时候可以挖出老根，选择较粗壮并带有 2~3 个芽的根剪开，另行种植。6~8 厘米长粗壮新鲜的枝条则是扦插的最好选择。

分株

扦插

6~8 厘米

◎采摘的时节

牛至开始现蕾就可以食用了，最好选择在晴天进行采摘。

◎可以食用的部分是哪里?

牛至的鲜叶、嫩芽都是可以食用的部分，既可做调料，也可以泡茶饮用，味道口感都非常好，还具有很多养生保健的功效。

◎怎样增加土壤的排水性?

土壤的排水性良好对牛至的生长十分重要，在培养土中加入泥炭土或珍珠岩这类排水性较好的材质，可以有效地改善土壤的排水性，有利于牛至的生长。

泥炭土　　珍珠岩

洋甘菊

营养丰富，诱人食欲

洋甘菊是一种具舒缓作用的植物，具有抗菌消炎、抗过敏的作用，对于那些经常起痘痘的皮肤，可以用洋甘菊制成面膜，以起到改善舒缓的作用。洋甘菊淡淡的香气还可以抚平焦虑紧张的情绪，对于缓解压力有很好的效果。

别　　名	母菊、罗马洋甘菊、摩洛哥洋甘菊
科　　别	菊科
温度要求	耐寒
湿度要求	湿润

适合土壤	中性排水性好的肥沃土壤
繁殖方式	播种
栽培季节	春季、夏季、秋季
容器类型	中型
光照要求	喜光
栽培周期	全年
难易程度	★★

药食妙用　洋甘菊茶具有镇静作用，能减轻焦虑的情绪，对失眠很有帮助。洋甘菊性质温和，具有舒缓肌肤、收敛毛孔的作用。

洋甘菊可以用种子直接进行繁育。由于种子非常细小，播种时需要将种子与细沙混合。

种子　　　　　　干细沙

播种后在容器上覆上一层保鲜膜以保持土壤湿润，出苗后去掉保鲜膜，种植的温度不要过高，这样会导致植株徒长。

覆地膜

当植株生长到约10厘米高的时候，可以进行移栽定植，株间距控制在15~25厘米。松软而湿润的土壤、充足的阳光是洋甘菊最适合的生长条件。生长期每月施肥一次，控制用量，否则花期会推迟。

10厘米

移栽定植

15~25厘米

枝叶长得过于繁密时，要及时修剪拥挤的枝叶，以增加植株的透气性，并要及时摘心，以促进其他枝芽的生长。

及时修剪枝叶、摘心

第**5**步

洋甘菊也可以用扦插和分株的方式进行繁育。分株应该在秋季进行，扦插可以选取顶部5~7厘米的嫩枝作为插条。

分株

5~7厘米

扦插

"苹果仙子" 洋甘菊

洋甘菊为一年生或多年生草本植物，株高30~50厘米，全株无毛，有香气。头状花序顶生或腋生，外层花冠舌状，白色，内层花冠筒状，黄色。瘦果极小，长圆形或倒卵形。种子细小。

洋甘菊在拉丁语中被称为"高贵的花朵"，在古希腊被称为"苹果仙子"，埃及人将洋甘菊献给太阳，并推崇为神草，将其用于治疗神经疼痛。罗马时期以洋甘菊治疗蛇咬已是民众的基本常识。洋甘菊因产地不同、功效不同而分为两种：罗马甘菊和德国甘菊。德国洋甘菊是美丽的天蓝色，比罗马甘菊更胜一筹，它叶片有苹果甜味，泛着温暖的草木香；花朵带有苹果香气，呈鲜绿色；花呈金黄色圆锥形；花心芳香结实。挑选干花时，以色泽别太深、叶片完整、干燥无潮湿者为好。

注意事项

◎洋甘菊的采摘时节

洋甘菊的开花时间很晚，在播种后的第二年夏季才会开花。开花前是其营养含量最高的一段时间，所以采摘最好选择在这个时间进行。

◎可以收获不止一次

洋甘菊在1个生长周期里可以收获不止1次，要选择在晴天的正午进行。由于洋甘菊的花期比较长，开花后植株容易老化，需要进行强剪以促进新枝叶的萌发，这样1个周期一般可以收获3~5次。

琉璃苣

芬芳可爱，美容养颜

　　琉璃苣中含有的挥发油成分能够有效地调节女性生理周期所带来的不适，缓解更年期内分泌失调等症状，延缓衰老，是美容养颜的绝佳食品。琉璃苣花朵状如星星，灿烂可爱，具有很强的观赏性。

 星星花

别　　名	星星花		
科　　别	紫草科		
温度要求	阴凉		
湿度要求	耐旱	容器类型	中型
适合土壤	微酸性排水性好的肥沃土壤	光照要求	喜光
繁殖方式	播种	栽培周期	8 个月
栽培季节	春季	难易程度	★★

 开始栽种

　　琉璃苣种子通常皮较硬，播种前需要在40℃的水中浸泡1~2天。

40℃的温水中浸泡1~2天

第2步

在土壤中挖出小坑，每个坑放 3~4 粒种子，覆上约 0.5 厘米厚的土，用浸盆法让土壤充分吸收水分。

0.5 厘米

第3步

将容器置于干燥阴凉的环境中，以保证土壤的湿润。当幼苗长出 2~3 对叶子的时候，间去长势较弱的小苗，每坑留下 1~2 株即可。

第4步

生长出 3~5 对叶子的时候就可以进行移栽定植了，移栽时注意不要伤及植株的根系。土壤以沙壤土为佳，在晴朗的天气中进行。

沙壤土

第5步

为了增加植株的开花数量，以促进分枝生长，当植株长到约 20 厘米高的是要进行一次摘心。

20 厘米

注意事项 ◎不等人的种子

琉璃苣在定植后约 40 天左右就会开花了，种子成熟时要及时进行采收，否则会自行脱落，因此一定要把握好时间。

莳萝

清甜可人，有益健康

莳萝和香芹的味道非常相似，具有一种清凉可人的甜味。这种香气能够有效促进消化，缓解胃疼等，而不会产生不良反应。

别　　名	洋茴香、土茴香
科　　别	伞形科
温度要求	温暖
湿度要求	湿润
适合土壤	微酸性排水性好的沙壤土

繁殖方式	播种	光照要求	喜光
栽培季节	春季、夏季、秋季	栽培周期	8个月
容器类型	中型	难易程度	★★

 开始栽种

 第1步

播种前用 40~50℃ 的温水浸泡种子 1~2 天，每天换一次水，这样可以有效提高发芽率。

40~50℃的温水

第**2**步

将种子均匀地播撒在土中，覆土约 0.5 厘米厚，用细孔喷壶轻轻洒水。莳萝幼苗冲破土壤的能力非常弱，种子发芽的时候，我们可以轻轻拨开土壤，以帮助植物出苗。

第**3**步

植株生长过程中需保持土壤湿润，莳萝不适合移栽，若植株过于拥挤，可适当进行间苗，将植株间距控制在 20 厘米。

20 厘米

第**5**步

莳萝开黄色的小花，但是花期比较短。若要采收种子，当花穗枯萎、种子变成褐色的时候可以进行采收。采收后放置在阴凉通风的地方进行保存。

第**4**步

当幼苗长到 5~10 厘米时，可以追施一次有机肥。开花的时候，再追施一次有机肥。

5~10 厘米

对土壤的要求

莳萝对土壤的酸碱性较为敏感，最好采用微酸性的土壤进行栽培，另外在栽种前要对土壤进行消毒，以预防病虫害的发生。

注意事项　◎莳萝繁殖期需要注意什么？

莳萝也可以选择用扦插的方式进行繁殖，夏、秋两季剪取嫩枝进行插穗，嫩枝上面要保留 3~5 片的叶，将其插入到沙土中遮阴保湿即可。

香气浓郁草

蒲公英

芬芳美丽、用途广泛

蒲公英在荒野之中随处可见，可是你也许不知道，蒲公英中含有多种微量元素和维生素，具有清热解毒、消肿散结的作用，甚至可以治疗急性结膜炎、乳腺炎等疾病。

蒲公英的花朵小巧，种子的散播方式更是惹人喜爱。

别　名	蒲公草、食用蒲公英、尿床草、西洋蒲公英		
科　别	菊科	栽培季节	春季、夏季、秋季
温度要求	耐寒	容器类型	大型
湿度要求	湿润	光照要求	喜光
适合土壤	中性排水性好的肥沃沙壤土	栽培周期	8个月
繁殖方式	播种	难易程度	★★

第 1 步

蒲公英可以直播也可以移栽幼苗。将苗床整平、整细，浇透水后将种子与细沙混合，均匀地撒播在育苗盆中，不可以覆土过厚，用浸盆法使土壤吸足水分。

细沙混合

第 2 步

周围环境的温度如果较低，可以用覆塑料膜的方法保温保湿，当苗出齐后要揭去薄膜，及时追肥浇水。当幼苗长出 2~3 片真叶时，就需要间苗了。间苗分两次进行，然后进行上盆移栽。

间苗

保温保湿

第 3 步

当幼苗长出 6~7 片真叶的时候就可以进行移栽定植了。定植前要在盆中施入腐熟的有机肥，与土壤充分混合。

混入腐熟有机肥

移栽定植

第4步

当年种植的蒲公英不宜采收种子，第二年可陆续采收。若采收嫩叶，可割取心叶以外的叶片食用，保留根部以上1~1.5厘米，以保证新芽可以顺利长出。

第5步

开花前和结实后要各浇水追肥一次，收获后可用风干、晒干的方式保存种子。

风干或晒干

注意事项

◎作为中药的蒲公英

蒲公英作为一种非常常见的中草药，可以在晚秋时节采挖带根的全草，晒干保存，具有消炎和清热解毒的功效。

◎什么时候追肥?

蒲公英在生长期间以施加有机复合肥为主，入冬后要追施一次越冬肥，这样可以使根系安全地度过冬天，以免冻伤。

入冬后　　　　生长期

越冬肥　　　　有机复合肥

◎不同的时期，不同的浇水量

植株出苗后要适当控制浇水，以防幼苗徒长和倒伏。叶片生长迅速的时候，需水量是比较大的，足够的水分可以促进叶片旺盛地生长。蒲公英收割后，根部会流出白浆，此时不应该浇水过多，以防烂根。根据不同的生长时间来浇水，植物才会生长得更健康。

迷迭香

气味浓郁、提神美容

迷迭香是一种常绿灌木，可高达2米。它的叶子带有茶香，味辛辣、微苦。迷迭香有个别名叫"海洋之露"，其花语是"留住记忆"。迷迭香具有提神醒脑的功效，它散发出的气味有点像樟脑丸的味道，可以提高人的记忆能力。还具有收缩毛孔、抗氧化等美容功效。

适合土壤	中性排水性好的石灰质沙壤土		
别　　名	油安草	栽培季节	春季、秋季
科　　别	唇形科	容器类型	中型
温度要求	温暖	光照要求	喜光
湿度要求	耐旱	栽培周期	8个月
繁殖方式	扦插	难易程度	★★

 开始栽种

第1步

迷迭香多采用扦插繁殖的方法。从母株上剪取7~10厘米未木质化的粗枝条，摘去下部的叶子，插入水中浸泡一段时间。

7~10厘米

土壤可以选择混合性的培养土，将插条插入土壤中，扦插后浇透水。生根前土壤要保持湿润，温度也要控制在15~25℃的范围之内。

泥炭土　　珍珠岩

粗河沙

3周后，插条就可以生根了，将生根后的植株移植到花盆中，移植时注意不要伤及根部。

3周后

在植株生长的过程中，初夏和初秋季节可每月追施1次有机复合肥。

有机复合肥

注意事项

◎避免高温

迷迭香处在开花结果期的时候要避免高温，可将植物搬移到阴凉的环境中，并要适时降温。

◎摘心是促进生长的好方法

迷迭香在生长旺期要多摘心，这样可以促进植物的分枝生长，并要随时疏去过密的枝叶和老化的枯枝，以保证植株受到良好的光照。

当植株长到20~30厘米的时候，可以采收长度为10厘米的嫩尖。

10厘米

百里香

花色淡雅，气味清香

百里香是一种多年生植物，原产于地中海地区，百里香的香味在开花时节最为浓郁。百里香除了具有迷人的芬芳，它还有浪漫美好的寓意——"吉祥如意"。百里香淡淡的清香能够帮助人集中注意力，提升记忆力。叶片小巧可爱，花色淡雅，姿态优美，是一种观赏性与使用性完美结合的植物，捣碎外敷还能够帮助愈合伤口。

别　　名	麝香草、地花椒
科　　别	唇形科
温度要求	温暖
湿度要求	耐旱
适合土壤	中性排水性好的沙壤土
繁殖方式	播种、扦插
栽培季节	春季、秋季
容器类型	中型
光照要求	喜光
栽培周期	6个月
难易程度	★★

  开始栽种

第1步

将百里香的种子混合细沙后均匀播撒在土中，不要覆土，用手轻轻按压，使种子与土壤充分接触，将土壤浸在小水盆中吸足水分。

与细沙混合

第**2**步

育苗期间要保证充足的光照，温度较低的环境中可覆上一层薄膜保温，发芽后要揭去薄膜。

覆薄膜

第**3**步

当幼苗长到5~6厘米高的时候，就可以移栽到花盆中。

5~6厘米

第**4**步

百里香的采收与植株修剪可以同时进行，采收最好选在植株开花之前进行，这样茎叶香气最浓郁。

第**5**步

分株在晚春或早秋，此时植株进入休眠期。当植株的地面部分开始枯萎，将植株连带根部挖出，小心理清根系，用手掰成2~3丛，另行种植即可。

晚春或早秋

注意事项　◎延缓结实，延长寿命

百里香成熟后会开出白色或粉色的小花，可剪取开花的枝条插于花瓶中观赏。结果后植株容易死亡，如果不需要采收种子，就要及时对植株进行修剪，以延缓结果，延长植株的寿命。

金莲花

美丽宜人、药效独特

　　金莲花是一年生或多年生草本植物，株高30~100厘米。茎柔软攀附，花形近似喇叭，萼筒细长，常见黄、橙、红色。金莲花是一种非常神奇的保健植物，含有丰富的生物碱，具有清热解毒的功效。

别　　名 旱荷、寒荷、陆地莲、旱地莲、金梅草	适合土壤 弱酸性排水性好的沙壤土
	繁殖方式 播种
	栽培季节 春季、秋季
	容器类型 中型
科　　别 毛茛科	光照要求 喜光
温度要求 耐寒	栽培周期 6个月
湿度要求 耐旱	难易程度 ★★

  开始栽种

第1步

　　金莲花可用种子直接播种，已干的种子播种前需用40~45℃的温水浸泡一天。

40~45℃的温水浸泡一天

第2步

　　将土壤弄平，将种子混合细沙后均匀撒播在育苗盆中，覆土约0.3厘米，然后用细孔喷壶浇透水。出苗期间需经常浇水，保持土壤湿润，以利于幼苗长出。

第3步

　　当长出3~4片真叶时，可移栽定植。移栽宜在阴天或早晚进行，移栽后及时浇水遮阴，这样可以有效地增加植株的成活率。

第4步

　　金莲花的剪枝可以结合摘心进行，这样可以有效地促进植物多分枝、多开花。如果植株的枝叶过于茂盛，我们就要适当进行疏剪，以利于植株的通风换气。

第5步

　　花完全开放的时候可以采摘花朵，采摘后应放在通风处晾干，以便长期保存。

第6步

　　植株的繁殖期一般是在4~6月份，剪取健壮的带有2~3个节的嫩枝，插入扦插基质中，并进行遮阴喷雾，15~20天就可以生根了。

4~6月份

夜来香

清雅芬芳，健康宜人

夜来香也被称为"月见草"，是一种只在傍晚才会开花的植物，夜色之下散发着阵阵幽香，因此被人们称为夜来香。夜来香的种子中含有一种亚麻酸，这种元素是人体自身无法合成的，对调节女性的内分泌、改善更年期症状、降低人体胆固醇有很好的效果。

适合土壤	中性排水性好的肥沃土壤
繁殖方式	播种
栽培季节	春季、秋季
容器类型	中型
光照要求	喜光
栽培周期	6 个月
难易程度	★★

别　　名	待霄草、山芝麻、野芝麻、月见草
科　　别	柳叶菜科
温度要求	温暖
湿度要求	耐旱

  开始栽种

第1步

春季播种的时候要先将种子置于20℃右右的水中浸泡，以提高发芽率，缩短发芽时间。

20℃左右的水中浸泡

第 2 步

夜来香种子比较细小，将种子均匀撒播在土中，撒土约0.5厘米厚，轻轻压实。

0.5 厘米

第 3 步

出苗前要保持土壤湿润，为了防止苗期生长缓慢，要及时除草。当幼苗长出 3~4 片真叶的时候，要除去弱苗和过密的苗。

除去病弱苗

第 4 步

当植株长到 10 厘米的时候要进行移栽。栽培的土壤中要掺入适量腐熟的有机肥。植物在上盆后要浇透水，并将植株置于阴凉的环境中养护一周左右的时间，然后可追施一次有机氮肥，以促进植株的生长。现蕾时再追加一次磷钾肥就可以了。

园土　　　木屑

粗河沙　　腐熟有机肥

10 厘米

第 5 步

夜来香的花期一般是在 6~9月，为使植株多开花，需适时摘心，以促使植株萌生分枝。

注意事项

◎扦插后的浇水方法有变化

夜来香可以通过扦插的方式进行繁殖，扦插要结合摘心进行，将摘下的健壮顶梢作为插穗，扦插后每天给插穗喷水1~3次，不可过多喷水，否则会导致插穗腐烂。